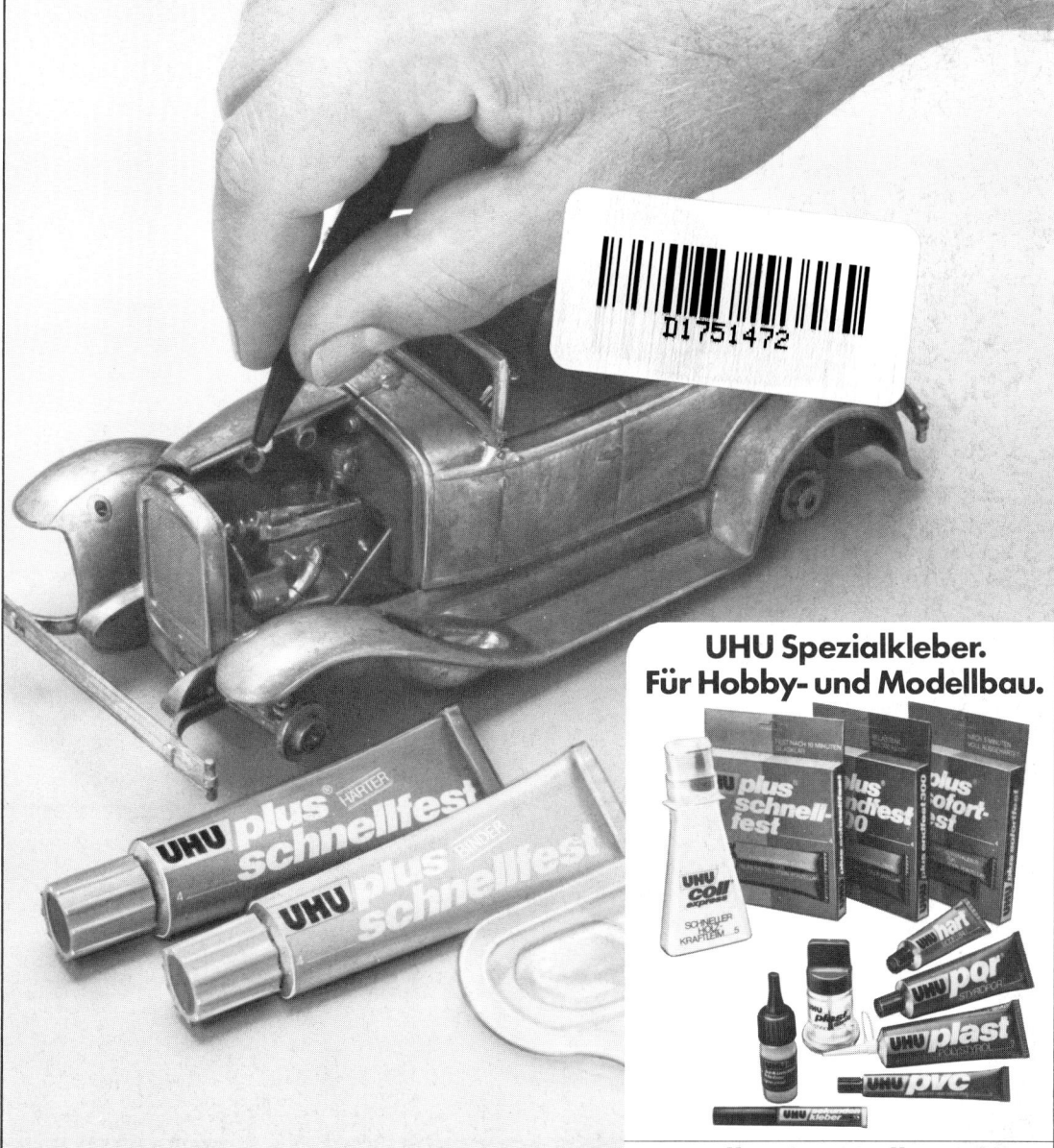

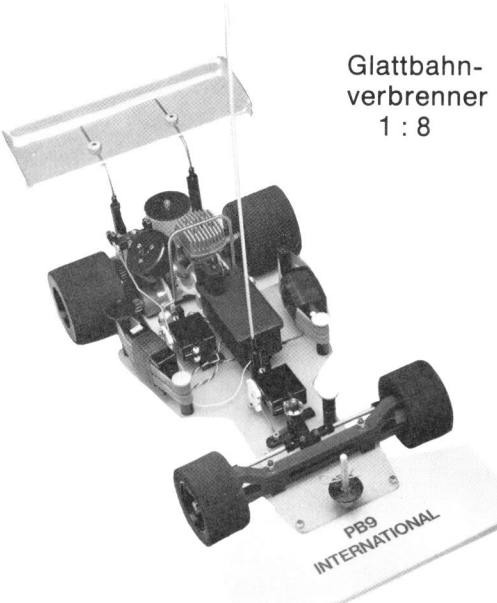

Glattbahn-
verbrenner
1 : 8

Safari GTS
Offroad-Verbrenner
(Buggy) 1 : 8

Offroad-Elektro-
Stock-Car 1 : 12

MRL 17
Glattbahn-Elektrorennfahrzeug 1 : 12

MacGregor Industries Ltd.
Canal Estate, Langley
Slough, BERKS. SL3 6EQ
ENGLAND

MacGregor Industries GmbH
Berliner Weg 3
4923 EXTERTAL 1
Tel. 0 52 62 / 25 00
Telex-Nr. 9 35 418 MAC D

HELMUT DREXLER

DER RC-FAHRER

NV NECKAR-VERLAG – VILLINGEN-SCHWENNINGEN

ISBN 3-7883-0162-7

© 1980 by Neckar-Verlag GmbH, Klosterring 1, 7730 Villingen-Schwenningen
Alle Rechte, besonders das Übersetzungsrecht, vorbehalten. Nachdruck oder Vervielfältigung von Text und Bildern, auch auszugsweise, nur mit ausdrücklicher Genehmigung des Verlages.
Printed in Germany by MBH-Druck, Parallelstraße 38-39, 6600 Saarbrücken 2

Inhaltsübersicht:
                                                                               Seite
  Vorwort. 6

1. Grundsätzliches zum Thema RC-Car. 7
   1.1.   Welcher Maßstab? 1:8, 1:12 oder 1:20? 7
   1.2.   Welche Einsatzart? Wettbewerbsmäßiges Renn- oder Geländefahrzeug? Oder nur so? 9
   1.3.   Welcher Antrieb? Elektro- oder Verbrennungsmotor? 9

2. Das Bausatz- und Zubehör-Angebot. 10
   2.1.   Die Elektro-Fahrzeuge. 10
   2.1.1. Ferngelenkte Plastikmodelle 10
   2.1.2. Die – nur originalähnlichen, aber – schnelleren Fahrzeuge. 21
   2.2.   Fahrzeuge mit Verbrennungsmotor 67
   2.3.   Lackierung und Verzierung 104

3. Der Antrieb. 109
   3.1.   Der Elektromotor-Antrieb 109
   3.1.1. Die Entstörung des E-Motors 113
   3.2.   Der Verbrennungsmotor-Antrieb 114
   3.3.   Das Getriebe 116
   3.3.1. Das Differential. 117
   3.4.   Die Kühlung 122
   3.5.   Die Versorgung des Motors 123
   3.5.1. Die Stromquellen. 124
   3.5.2. Die Lademöglichkeiten. 125
   3.5.3. Der Tank und die Zuleitung 135
   3.6.   Tuning- und Umrüstteile tragen zur Leistungssteigerung bei 137

4. Der Bau des Fahrzeugs 141
   4.1.   Der Bausatz 141
   4.2.   Die Eigenkonstruktion 141
   4.2.1. Das Chassis 141
   4.2.2. Die Vorderachse 145
   4.2.3. Die Hinterachse 150
   4.2.4. Kupplung und Bremse 155

5. Die Fernsteuerung und ihr Zubehör. 163
   5.1.   Der Einbau der Fernsteuerung. 169
   5.1.1. Das Servo für die Lenkung. 172
   5.1.2. Das Drossel- oder Fahrtregler-Servo 177
   5.1.3. Der Empfänger-Einbau. 177
   5.1.4. Empfänger-Akku und Schalter. 180

6. Die Fahrstrecke 182

7. Das Fahrverhalten. 183
   7.1.   Das Zubehör 184

8. Das Reglement, Bestimmungen für die Modelle der einzelnen Klassen. 186

Vorwort

Der Modellbau, in erster Linie der Flug- und Schiffsmodellbau, hat in den letzten Jahren einen ungeheuren und nie erwarteten Aufschwung erlebt. Auch die Perfektion, mit der die Modelle betrieben werden, ist unbeschreiblich. Man kann sich davon nur dann ein Bild machen, wenn man sich die Modelle an Ort und Stelle in Aktion anschaut. Zu dieser – für meine Begriffe positiven – Entwicklung hat sicher auch die immer besser gewordene Qualität der von der Industrie angebotenen Bausätze, Motoren, Fernsteuerungen und des erforderlichen Zubehörs beigetragen.

Die Entwicklung des ferngelenkten Automodells (RC-Car) hat, wohlbemerkt im Schatten der Flug- und Schiffsmodelle, relativ lange auf sich warten lassen, wenn man einmal von wenigen Eigenkonstruktionen absieht. Verschiedene Konstruktionen, bei denen man sich auf keinen Maßstab und auch auf keine Motorgröße einigen konnte, waren schon hie und da zu sehen, wurden bewundert und waren bald wieder vergessen. Erst in den letzten Jahren hat sich international eine RC-Car-Version entwickelt, die sich durchsetzen konnte. Bei dieser Fernlenkauto-Klasse handelt es sich um Fahrzeuge im Maßstab 1:8, die mit Verbrennungsmotoren von 3,5 ccm ausgerüstet werden und ganz beträchtliche Geschwindigkeiten erreichen.

Bald darauf hat sich neben der jetzt etablierten Klasse der Fahrzeuge im Maßstab 1:8 mit Verbrennungsmotoren von 3,5 ccm, die Klasse der Fahrzeuge mit Motoren von .09 cu.inch (ca. 1,5-1,7 ccm) im Maßstab 1:12 entwickelt, die bisher hauptsächlich in Japan und in den USA bekannt wurde. Aber auch dabei blieb es nicht allein. Der Motorenlärm schafft an vielen Plätzen fast unüberwindbare Probleme und hat dem Elektromotor-Antrieb eine bevorzugte Chance gegeben. Wenn man die RC-Cars mit Elektromotor auch noch seltener im Wettbewerb sieht, weil bisher kaum Wettbewerbe mit diesen Fahrzeugen ausgetragen werden, sie sind da und werden ihren Weg gehen.

Diese Fahrzeuge werden nicht nur in den beiden Maßstäben 1:8 und 1:12, sondern auch im Maßstab 1:20 gebaut.

Dieses Buch soll dem Interessenten dieser Modellbau-Sparte helfen, den Weg zu finden, der ihm optimale Möglichkeiten bietet. Dabei habe ich bewußt auf alle primitiven Spielereien verzichtet, die dem ernsthaften Modellbauer höchstens unnütz die Zeit rauben und viel Geld kosten.

Helmut Drexler

1. Grundsätzliches zum Thema RC-Car

Wer einmal einem Rennen von ferngesteuerten Modell-Rennwagen zugesehen hat, der wird mir sicher recht geben, wenn ich sage, daß sich bei solch einer Veranstaltung sehr schnell eine Art Nürburgring-Atmosphäre entwickelt, die die Teilnehmer, die Zeitnehmer und Schmiermaxen ebenso wie die Zuschauer mitreißt. Die Hektik an den "Boxen", die über dem Platz schwebende blaue Auspuffwolke, aufheulende Motoren und nervöse Zurufe der Helfer an die Starter, all das trägt zu dem allen Autorennen eigenen Milieu bei. Wenn die Fahrzeuge auch nur ein Achtel oder sogar ein Zwölftel der Originale ausmachen und aus der Ferne über einen Sender gelenkt werden, die Spannung ist ebenso groß wie bei den großen Wagen.

Bei den Geschwindigkeiten, die diese kleinen Fahrzeuge erreichen (mit Verbrennungsmotor 80 km/h und mehr auf der Geraden), ist es natürlich nicht möglich, damit auf Sandwegen oder holperigen Straßen zu fahren. Eine ebene Asphalt- oder Betonstrecke ist schon erforderlich. Die großen Parkplätze der meist außerhalb oder zumindest am Rand der Städte liegenden Einkaufszentren, die die Landschaft verunzieren, sind an den Wochenenden nach Geschäftsschluß verwaist und somit ideale Rennstrecken. Man benötigt nur noch einige Bierdeckel oder ähnliches zur Streckenmarkierung und schon kann es losgehen.

Mit den elektrisch angetriebenen Wagen, die fast genau so schnell wie die mit Verbrennungsmotor ausgerüsteten Fahrzeuge sind, ist es natürlich auch nur dort möglich einmal richtig aufzudrehen, wo eine ebene und ausreichend große Fläche zur Verfügung steht. Da das die Umwelt störende Geräusch des V-Motors fehlt, kann der Startplatz für diese Fahrzeuge in unmittelbarer Nähe von Wohnhäusern liegen. Ein Parkplatz in der Wohnsiedlung ist, falls er nicht so stark belegt ist, schnell und einfach in eine Rennstrecke umzufunktionieren. Natürlich muß der Straßenbelag eben sein.

Die geringe Bodenfreiheit der RC-Cars erfordert auch eine möglichst vollkommen saubere Fahrstrecke, da bei der hohen Geschwindigkeit jedes Steinchen den Wagen vom Kurs abbringen kann. Im ungünstigen Fall ist es sogar möglich, daß sich das Auto überschlägt.

Elektrisch angetriebene RC-Cars werden übrigens neuerdings auch von den Modell-Auto-Clubs, die sonst nur mit Verbrennungsmotoren fahren, zu Rennwettbewerben in Turnhallen als Wintertraining eingesetzt.

1.1. Welcher Maßstab? 1:8, 1:12 oder 1:20?

Die Frage nach dem Maßstab gehört zu den besonders wichtigen Fragen, wenn es um den RC-Car-Betrieb geht. Während die meisten mit Elektromotor betriebenen Automodelle im Maßstab 1:12 und nur einige wenige in 1:20 gehalten sind, hat sich beim mit Verbrennungsmotor angetriebenen Auto der Maßstab 1:8 in erster Linie durchgesetzt. Nationale und internationale Wettbewerbe (deutsche Meisterschaft, Europameisterschaft, Weltmeisterschaft) werden seit einiger Zeit mit Fahrzeugen dieses Maßstabes durchgeführt.

Sicher ist der Maßstab des Fahrzeugs nicht der "Maßstab" für die Qualität, auch wenn sich bestimmte Richtungen besonders erfolgreich entwickelt haben.

Da der Arbeitsaufwand, ebenso wie der finanzielle Aufwand, nicht gerade gering ist, sollte sich der RC-Car-Interessent möglichst schon am Anfang über den Maßstab im klaren sein, in dem er seine Modelle bauen will.

Die Zukunft wird uns zeigen, welcher Maßstab und vor allem welcher Antrieb sich durchsetzen wird.

Bild: 1.1/1   Größenvergleich: Robbe „Little Sports" in 1:20 und Multiplex „Mini-Racer" 1:12.

Entscheidenden Einfluß auf die Beantwortung der Frage nach dem Maßstab haben ganz sicher die Platzverhältnisse. Was hilft ein herrliches Automodell im Maßstab 1:8, das möglichst auch noch einen gewaltig leistungsfähigen Antrieb hat und somit sehr schnell fährt, wenn der zur Verfügung stehende ebene (asphaltierte oder betonierte) Platz sehr klein ist. Das Fahrzeug muß eben in seinem Maßstab, bedingt durch seinen Wendekreis und seine Geschwindigkeit, den Platzverhältnissen angepaßt sein.

Wie groß der Größenunterschied zwischen verschiedenen Maßstäben sein kann, zeigt Bild 1.1/1, auf dem ein Fahrzeug im Maßstab 1:20 und das andere im Maßstab 1:12 zu sehen ist.

1.2. Welche Einsatzart? Wettbewerbsmäßiges Renn- oder Geländefahrzeug? Oder nur so?

Bisher habe ich, ob gewollt oder ungewollt, fast nur an Rennfahrzeuge, elektrisch oder mit Verbrennungsmotor angetrieben, gedacht. Warum eigentlich? Ich weiß es selbst nicht. Vielleicht liegt es einfach daran, daß man, denkt man an ferngelenkte Automodelle, immer gleich Rennfahrzeuge meint. Die schnellen Rennwagen sind natürlich auch interessant. Aber außer diesen Rennern gibt es auch Geländefahrzeuge, Buggys, Jeeps und sogar Panzer, die weniger anspruchsvoll sind, wenn es darum geht, eine Fahrstrecke zu finden. Diese Fahrzeuge sind zwar nicht so schnell, dafür fahren sie dort noch, wo der Boden uneben ist. Auf normalem Gartenweg, jedem Fußweg, am Strand oder auf irgendeinem Parkplatz sind sie bedenkenlos einzusetzen, während die Rennfahrzeuge nur auf ebenen, asphaltierten oder betonierten Flächen fahren können, da sie nur sehr wenig Bodenfreiheit haben.

Wenn es auch nicht immer gleich organisiert zugehen muß, gerade auf dem Sektor Fernlenkauto spielt der Wettbewerb eine große Rolle. Wen regt es schon auf, wenn irgendwo ein Auto-Modellbauer besondere Leistungen erbringt, wenn es nur auf dem eigenen Hof oder eben nur fern aller Modell-Auto-Clubs geschieht. Erst der Wettbewerb bringt die, wenn auch nur im Unterbewußtsein gewünschte Spannung in das Spiel. Wir wollen doch ehrlich sein, was ist schon ein tolles und schnelles Auto wert, wenn keine Möglichkeit besteht, seine Leistung mit anderen zu messen.

Im Gegensatz zu den speziell für hohe Geschwindigkeiten konstruierten RC-Cars, die besonders für den Einsatz auf kleinen oder großen Rennveranstaltungen privater oder auch organisierter Gruppen geeignet sind, lassen sich die geländefähigen Buggys, Jeeps oder gar Panzer sehr gut auf Geschicklichkeits-Wettbewerben einsetzen. Statt der Panzer, die waffenstrotzend ihr Fahrpensum absolvieren, sollte man m.E. einmal Fahrzeuge aus dem Straßenbau oder auch aus anderen zivilen Bereichen bauen. Mit diesen Fahrzeugen wäre sicher erheblich mehr Spieleffekt zu erreichen. Wenn ich da an Schneeräumer, Bagger und Kräne sowie Gabelstapler denke, kann ich mir gut vorstellen, daß damit auch schon Kinder (wenn sie nicht zu klein sind), allein oder auch gemeinsam, stundenlang beschäftigt sein könnten.

1.3. Welcher Antrieb, Elektro- oder Verbrennungsmotor?

Die Wahl des Antriebs, also die Wahl zwischen Elektro- oder Verbrennungsmotor, ist – verglichen mit der Wahl des Maßstabs – keinesfalls eine endgültige Festlegung. Sie kann im Gegenteil sogar, wenn der Verbrennungsmotor dem Elektromotor folgt, eine vernünftige Weiterentwicklungsmöglichkeit bieten. Auch wenn man kaum ein speziell für Elektroantrieb vorgesehenes Fahrzeug einfach mit einem Verbrennungsmotor ausrüsten kann und wenn der Wechsel vom elektrisch betriebenen Modell auf eins mit Verbrennungsmotor auch neue Kosten bringt, sind die gesammelten Erfahrungen von unschätzbarem Wert.

Sicher wird jeder Antrieb, egal ob Elektro- oder Verbrennungsmotor, wie schon heute, so auch in Zukunft seine Anhänger finden. Auch wettbewerbsmäßig werden sich beide Antriebsarten m.E. weiterhin behaupten, wenn sich die Wettbewerbe auch immer mehr an ganz verschiedenen Orten abspielen. Allein durch das Motorgeräusch ist es nicht möglich, Fahrzeuge mit V-Motor in bewohnten Gegenden zu fahren. Die Anwohner würden sehr schnell die Polizei rufen, weil sie sich gestört fühlen. Man muß schon weiter rausfahren, um einen Wettbewerb mit V-Motor-Cars veranstalten zu können. Bei elektrisch betriebenen Fahrzeugen gibt es da natürlich keine Probleme. Das Schnurren des Elektromotors stört kaum einen Anwohner.

Bei der Frage nach dem Antrieb spielt es also schon eine Rolle, wo sich die zur Verfügung stehende Fahrstrecke befindet.

Von der Antriebsart ist, zumindest im wettbewerbsmäßigen Einsatz, erfahrungsgemäß auch der Maßstab des Fahrzeugs abhängig, da das Leistungsgewicht die Geschwindigkeit ebenso wie die Wendigkeit beeinflußt. Aus diesem Grunde hat ein elektrisch betriebenes RC-Fahrzeug des Maßstabs 1:8 sicher relativ gute Fahreigenschaften. Mit einem V-Motor-Fahrzeug kann es sich aber bestimmt nicht messen. Demgegenüber ist der Maßstab 1:12 wahrscheinlich ideal für RC-Cars mit E-Motoren. Außerdem bietet gerade dieser Maßstab die ideale Größe für das in letzter Zeit immer beliebter werdende RC-Car-Rennen mit E-Motor in der Halle.

2. Das Bausatz- und Zubehör-Angebot

Das Angebot an Bausätzen zum Bau von ferngelenkten Auto- (oder besser gesagt, Fahrzeug-) Modellen reicht von den originalgetreuen, maßstäblichen Fahrzeugen, bis zu den weniger detaillierten Rennfahrzeugen, die speziell für den Wettbewerbseinsatz angeboten werden.

Außerdem werden, sozusagen außer Konkurrenz, Jeeps, Buggys und sogar Panzermodelle in verschiedenen Maßstäben, die elektrisch oder mit Verbrennungsmotor anzutreiben sind, angeboten.

2.1. Die Elektro - Fahrzeuge

Wenn auch Auto und Verbrennungsmotor – zumindest im Original – traditionell zusammengehören wie Pferd und Reiter, so ist doch seit einiger Zeit, im Original durch die Energiekrise und im Modell durch die Probleme, die das Motorgeräusch überall zu bringen scheint, der Elektroantrieb im Vormarsch. Alle gegenteiligen Ausagen gehen, ob bewußt oder unbewußt, ob aus Mangel an Kenntnis oder aus Dickköpfigkeit, längst an der Realität vorbei. Wir müssen uns halt damit abfinden, daß wir nicht mehr machen können, was wir wollen. Im Rahmen der allgemeinen Umweltschutzbewegung haben auch wir Automodellbaufreunde Rücksicht zu nehmen.

Die elektrisch betriebenen RC-Cars teilen sich in erster Linie in Fahrzeuge der bekannten Plastikmodell-Firmen, die besonders maßstabsgetreu aber auch stoßempfindlich und nicht übermäßig schnell sind, und in originalähnliche robuste Zweckmodelle, die meist sehr schnelle Rennfahrzeuge oder auch geländegängige Buggys oder Jeeps darstellen.

2.1.1. Die ferngelenkten Plastikmodelle

Unter den Begriff "ferngelenkte Plastikmodelle" fallen für mich die von den seit Jahren von ihren Plastikbausätzen her bekannten japanischen Firmen Tamyia, Otaki, Grip-Eidai und Nichimo angebotenen Bausätze besonders maßstabgetreuer Modelle verschiedener Porsche-Typen, eines Ford-Tyrell, eines Countach, sowie verschiedener geländegängiger Wagen, wie des RX311, eines Cheetah und des Toyota Land Cruiser, der sogar 4rad-Antrieb mit Zahnriemenübertragung hat. Bei dieser Aufstellung darf ich die beiden Panzermodelle von Tamyia natürlich nicht vergessen.

Bild: 2.1.1/1   Der Ford-Tyrell im Maßstab 1:10 von Tamyia.

Die Bilder 2.1.1/1 – 2.1.1/4 zeigen den für meine Begriffe von der Konstruktion her äußerst interessanten Ford Tyrell, den sogenannten "6-Wheeler", der mit einem Differential ausgerüstet ist und im Bausatz einen 2-Stufenschalter für Vorwärts- und Rückwärtsfahrt hat. Der Bausatz dieses Fahrzeuges im Maßstab 1:10, kommt von der Firma Tamyia.

Bild: 2.1.1/2   Der fertigmontierte Tyrell ohne Karosserie.

Bild: 2.1.1/3   Blick auf die Lenkmimik mit dem Lenkservo.

Bild: 2.1.1/4   Die Hinterachse mit dem Differential.

Bild: 2.1.1/5   Der Toyota „Land-Cruiser" von Grip-Eidai.

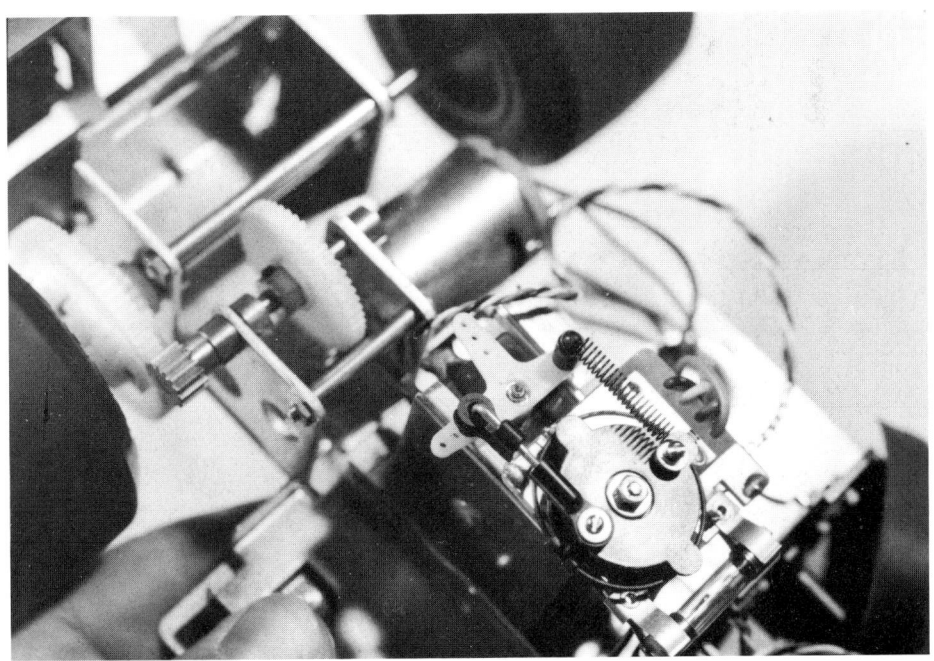

Bild: 2.1.1/6   Das Umschaltservo mit dem Stufenschalter.

Der in den Bildern 2.1.1/5 – 2.1.1/11 gezeigte Toyota Land-Cruiser, wird im Bausatz (1:12) von der Firma Grip-Eidai angeboten. Technisch besonders interessant sind die beiden Differentiale, der 4rad-Antrieb und die Kraftübertragung mittels Zahnriemen.

Diese Bausätze sind dem "Modellbauer", also demjenigen, der sein Automodell aus vielen Einzelteilen zusammenbauen möchte, sicher sehr angenehm. Er muß sich aber darüber im klaren sein, daß der Zusammenbau zum Teil recht kompliziert ist.

Bild: 2.1.1/7   Mit dem Allrad-Antrieb, den Zahnriemen und den beiden Differentialen, ist dieses Fahrzeug sicher sehr interessant.

Bild: 2.1.1/8   Hier sieht man das vordere Differential und den zum Motor führenden Zahnriemen.

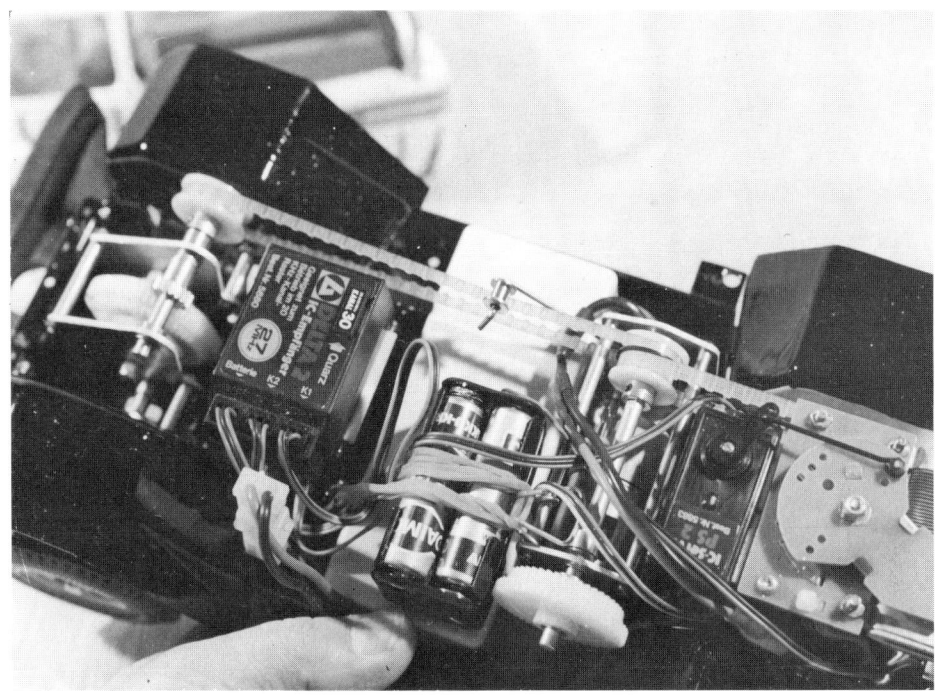

Bild: 2.1.1/9   Dieses Bild zeigt die „Innereien" noch einmal ganz deutlich.

Bild: 2.1.1/10
Blick von hinten auf den Fahrtregler und das hintere Differential.

Wenn das Kettenfahrzeug auch nicht direkt in das Konzept dieses Buches paßt, interessant ist es natürlich allein schon durch den technischen Aufbau. Da bisher leider nur militärische Fahrzeuge im Bausatz angeboten werden (was für mich unverständlich ist, es gibt doch so viele Bau- und Räumfahrzeuge im Original) und weil ich gern ein serienmäßig erhältliches Kettenfahrzeug abbilden wollte, zeige ich in den Bildern 2.1.1/12 – /14 den Panzer Leopard A4 (1:16) von der Firma Tamyia.

15

Bild: 2.1.1/11
Die Räder sind einzeln federnd aufgehängt.

Bild: 2.1.1/12   Das RC-Panzermodell „Leopard A 4" im Maßstab 1:16 von der Firma Tamyia.

Bild: 2.1.1/13   So sieht der voll ausgerüstete Leopard innen aus.

Bild: 2.1.1/14   Blick auf das Getriebe und den Antriebsmotor.

Eine gute Idee hatte einer meiner Freunde, als er sich auf das Fahrgestell seines Leopard-Panzers einen Aufsatz baute, der aus dem Panzer einen speziellen Gabelstapler macht (Bild 2.1.1/15 – /20). Dadurch, daß an diesem Fahrzeug dann alle Funktionen über Funk betätigt werden können, bietet es erheblich mehr Spielmöglichkeit.

Bild: 2.1.1/15 Wer sieht diesem Gabelstapler an, daß er sozusagen auf den Rücken eines Leoparden gebaut ist?

Bild: 2.1.1/16
Hier ist die Ladung gerade hochgefahren worden.

Bild: 2.1.1/17 Dieses Bild zeigt deutlich die Hebemechanik.

Bild: 2.1.1/18 Im „Steuerstand" sind der Empfänger-Akku und der Empfänger untergebracht, während unter dem Fahrersitz die Kippmechanik sitzt.

Bild: 2.1.1/19   Blick in die aufgedeckten „Maschinenräume".

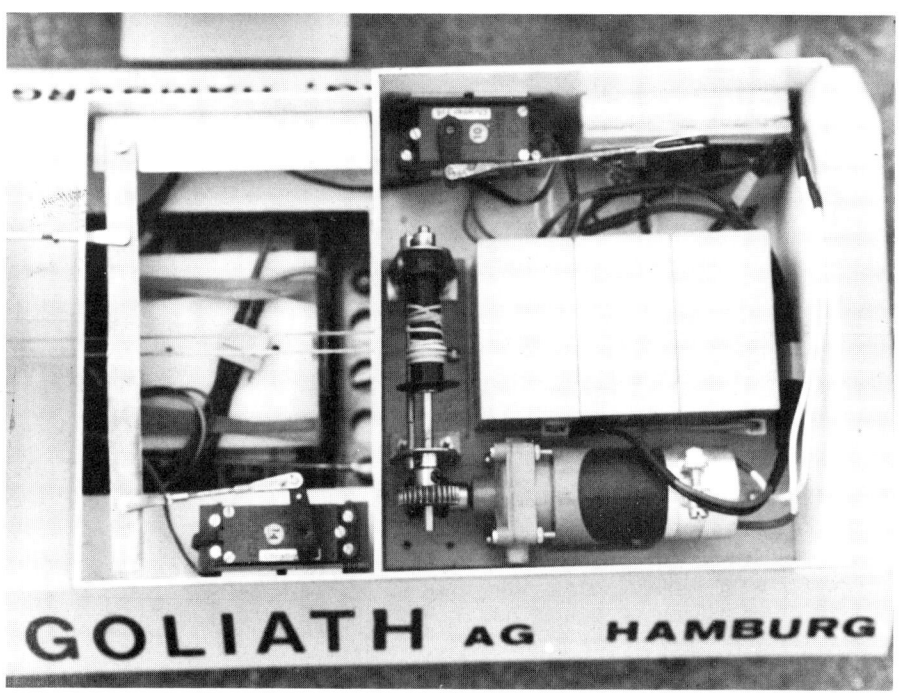

Bild: 2.1.1/20   Auch hier sind noch einmal die für die Gabelstaplerfunktion notwendigen Innereien zu sehen.

2.1.2. Die – nur originalähnlichen, aber – schnelleren Fahrzeuge

Während es sich bei den bisher aufgeführten RC-Fahrzeugen mit Elektro-Antrieb um maßstabgetreue, aber nicht übermäßig schnelle (Spitze ca. 18-30 km/h) Autos handelte, die – bedingt durch ihre hochgradige Detailtreue – auch bruchempfindlicher sind, geht es jetzt um die RC-Cars, die nur vorbildähnlich, dafür aber robuster und merkbar leistungsfähiger sind.

Diese Fahrzeuge werden von den Firmen Assossiated, Bolink, Carrera, Delta, Graupner, Mc Gregor, Krick, Microprop, Multiplex, Record, Robbe und Simprop angeboten.

Wie schon an anderer Stelle erwähnt, sind diese Modelle hauptsächlich im Maßstab 1:12 gehalten. Einige wenige Fahrzeuge sind außerdem in 1:8 und 1:20 zu haben.

Da ich natürlich keinen Katalog der lieferbaren RC-Cars schreiben will, gehe ich im folgenden nur auf einige bekannte Modelle ein. Selbstverständlich soll damit kein Qualitätsurteil gefällt werden. Es gibt natürlich noch sehr viele weitere gute Fahrzeuge.

Nicht alphabetisch sondern der Größe nach vorgegangen, beginne ich mit den Little-Sports-20-RC-Cars von Robbe, die im Maßstab 1:20 gehalten sind und somit auf kleinster Fläche eingesetzt werden können. Diese kleinen Flitzer, die erstaunlich schnell sind, werden bereits fertigmontiert geliefert. Nur noch die Fernsteuerung und die Stromversorgung sind einzubauen. Die beiliegende Karosserie ist fertig lackiert, so daß nur noch die ebenfalls beiliegenden Abziehbilder aufzubringen sind.

Für die Little-Sports gibt es drei verschiedene Karosserien, den Porsche 935 Turbo, den BMW 3,5 CSL und den de Tomaso Pantera Gr 5, von denen natürlich nur jeweils eine im Bausatz enthalten ist.

Bild: 2.1.2/1   Robbe „Little-Sports" (1:20), mit Porsche-Karosserie.

Bild: 2.1.2/2
Die Vorderachse mit der Lenkmimik, die bereits auf das Chassis montiert ist.

Mit einem Radstand von 112-127mm (er ist verstellbar) bei 76mm Spurbreite vorn und 78mm hinten, bieten die kleinen 1:20er Fahrzeuge natürlich nur sehr wenig Platz für den Einbau der Fernsteuerung und der Stromversorgung. Es müssen schon möglichst kleine Servos und ein entsprechend kleiner Empfänger benutzt werden, ganz

Bild: 2.1.2/3
Auch die Hinterachse und der Antriebsmotor sind bereits montiert.

Bild: 2.1.2/4   „Little-Sport 20" mit elektronischem Fahrtregler, voll ausgerüstet mit RC-Anlage und Akku.

abgesehen von der Stromversorgung, die eigentlich gar nicht mehr hineinpaßt. Aus diesem Grunde versorgt man bei diesen Autos ausnahmsweise Fahrmotor und Fernsteuerung aus einem Akku.

Die Little-Sports werden in zwei Varianten angeboten. In der einen Ausführung (Bild 2.1.2/1 – /6), der ursprünglichen, befinden sich auf dem vormontierten Chassis nicht nur die Achsen mit Rädern und der Antriebsmotor, sondern auch ein Servoverstärker,

Bild: 2.1.2/5
Blick auf den Antriebsmotor.

Bild: 2.1.2/6
Die Hinterachse mit Motor und Servoverstärker.

der direkt mit dem Empfänger verbunden (sofern die Anlage mit positiven Impulsen arbeitet) und als vollwertiger Fahrtregler mit stufenloser Regelung der Geschwindigkeit und Vorwärts- Ruckwärts-Schaltung eingesetzt wird. Dabei wird ein Servo, das Schaltservo, eingespart. Mit der zweiten Version, die neuerdings zusätzlich im Robbe-Programm angeboten wird, liefert man statt des elektronischen Reglers einen mecha-

Bild: 2.1.2/7   Dieses Bild zeigt die Einzelteile des zu montierenden mechanischen Fahrtreglers.

Bild: 2.1.2/8
Der Fahrtregler ist auf das Schaltservo montiert.

nischen Dreistufenschalter mit Umpolung im Bausatz mit (Bild 2.1.2/7 und /8). Dadurch ist der Bausatz natürlich niedriger im Preis. Ein weiterer Vorteil des mechanischen Reglers ist die höhere Endgeschwindigkeit des Fahrzeugs, die dadurch möglich ist, daß der Regler bei Vollgas verlustlos durchschaltet. Der Nachteil dieser Version ist die Notwendigkeit eines zweiten Servos. Bei Ausrüstung mit dem vorgesehenen Schnellade-Akku mit 250 mAh, der Empfänger und Fahrmotor versorgt, ist eine Fahrzeit von ca. 15-23 Min. möglich.

Das große Rennen machen aber die RC-Fahrzeuge im Maßstab 1:12, die von vielen Firmen, in allen möglichen Variationen und viele verschiedene Autotypen darstellend, angeboten werden. Das Angebot ist so umfangreich, daß es selbst dem Handel kaum noch möglich ist, die Übersicht zu behalten.

Eine gute Seite hat dieses Riesenangebot schon. Durch den gleichen Maßstab sind die meisten der angebotenen Karosserien für alle Fahrzeuge verwendbar. Die Autoindustrie würde sicher vor Neid erblassen, wenn sie die vielen Autotypen sehen würde, die man auf einem Fahrgestell nur durch den Austausch der Karosserie innerhalb weniger Minuten aufbauen kann.

Während die Fahrzeuge des Maßstabs 1:20 durch ihre kleinen Abmessungen so manches Einbauproblem bringen und nur eine sehr spärliche Ausrüstung zulassen, bietet der Maßstab 1:12 ausreichend Platz und Zulademöglichkeit, um den Empfänger, den Empfänger-Akku, die beiden Servos für Lenkung und Motorregelung und einen entsprechenden Fahrakku mit Fahrtregler unterbringen zu können.

Die Bilder 2.1.2/9 – /47 zeigen einige der bekannten Fahrzeuge, die sich im Laufe der Zeit als Rennfahrzeuge am Markt behaupten konnten.

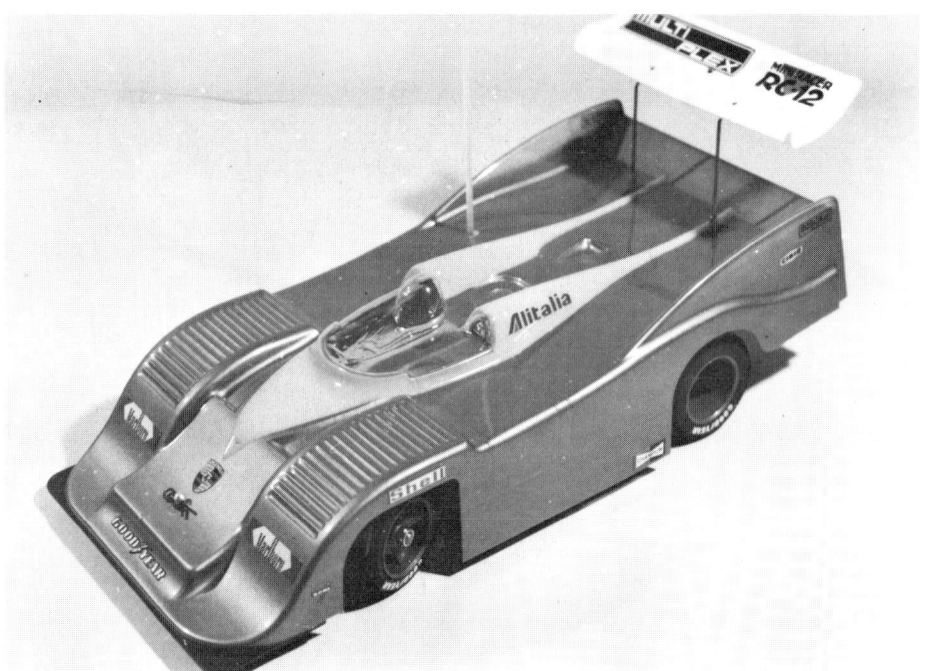

Bild: 2.1.2/9   Der Multiplex-Mini-Racer RC 12 wird fertigmontiert geliefert (aber ohne RC-Anlage).

Bild: 2.1.2/10   Das Chassis ohne RC-Anlage.

Bild: 2.1.2/11
Blick auf den Fahrtregler.

Bild: 2.1.2/12   Der NC-Akku liegt sicher in der Chassismitte.

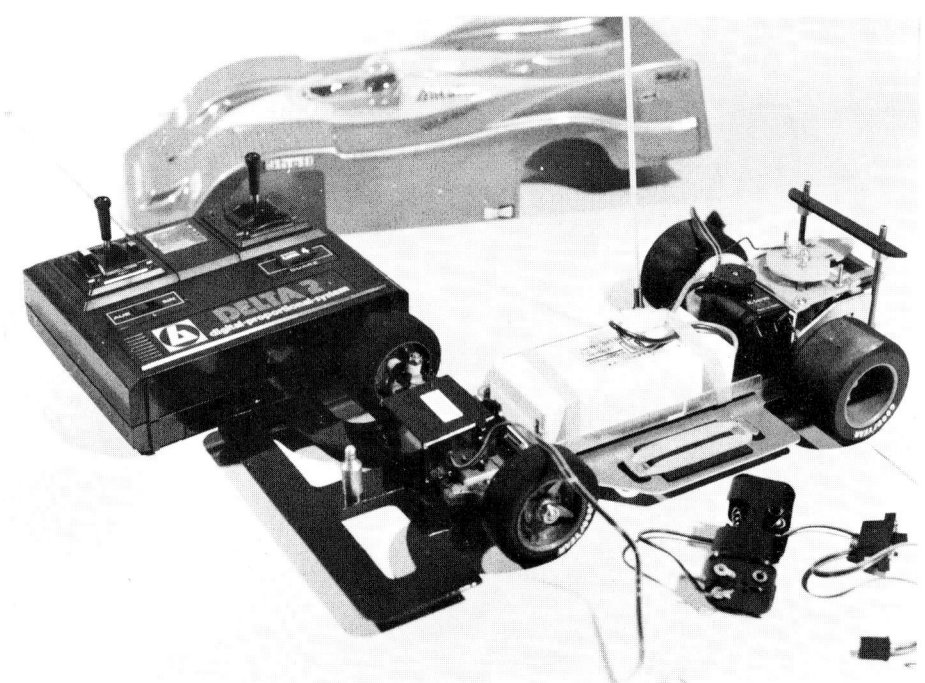

Bild: 2.1.2/13   Die Servos sind hier schon eingebaut.

Bei diesen Modellen handelt es sich – ausgenommen die Modelle MRL 16 und 17 von der Firma Mac Gregor, Bild 2.1.2/18 –/25, die als Bausatz geliefert werden – um fertigmontierte Fahrzeuge, in die nur noch die Fernsteuerung und der Fahrakku einzubauen sind. Bei einigen dieser Fahrzeuge ist sogar die Karosserie fertig lackiert und nur noch mit beiliegenden Klebebildern zu verzieren. Elektromotor und Fahrtregler sind bei diesen Modellen immer enthalten, ganz gleich, ob es sich um einen Bausatz oder um ein fertigmontiertes Modell handelt.

Der Mini-Racer RC12 von Mulitplex (Bild 2.1.2/9 – 2.1.2/13) gehört zu den Fahrzeugen, die besonders den jugendlichen Modellbauern oder Fernlenk-Fans einen vernünftigen und relativ preiswerten Einstieg ermöglichen.

Ein vollwertiges Rennfahrzeug, das fertigmontiert und bereits mit einer Fernsteuerung ausgerüstet ist, bietet die Firma Robbe an (Bild 2.1.2/14 – 2.1.2/17). Selbst ein kompletter Satz Trockenbatterien für die Fernsteuerung und den Antrieb, liegt dem Komplett-Set bei.

Außer den RC-Fahrzeugen der englischen Firma Mac Gregor und der Firma Carrera, sind die 1:12-Autos ausnahmslos überseeischen Ursprungs. Sie stammen bis auf eine Ausnahme aus Asien. Warum das so ist, weiß ich nicht. Sicher können unsere Firmen zu ähnlichen Preisen wie die Asiaten produzieren, zumal sie die sehr teuer gewordenen Frachtkosten sparen würden.

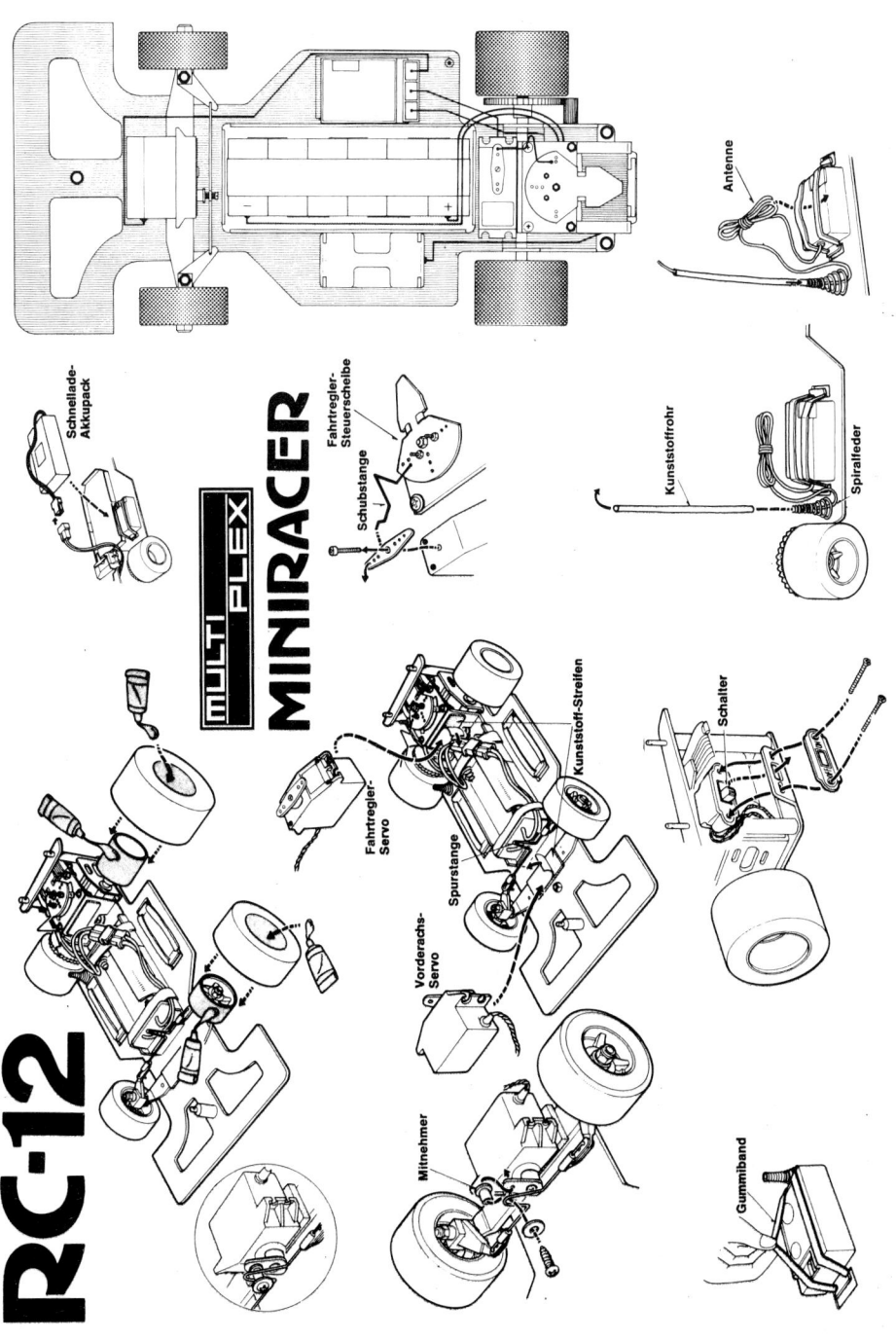

Bild: 2.1.2/13-1

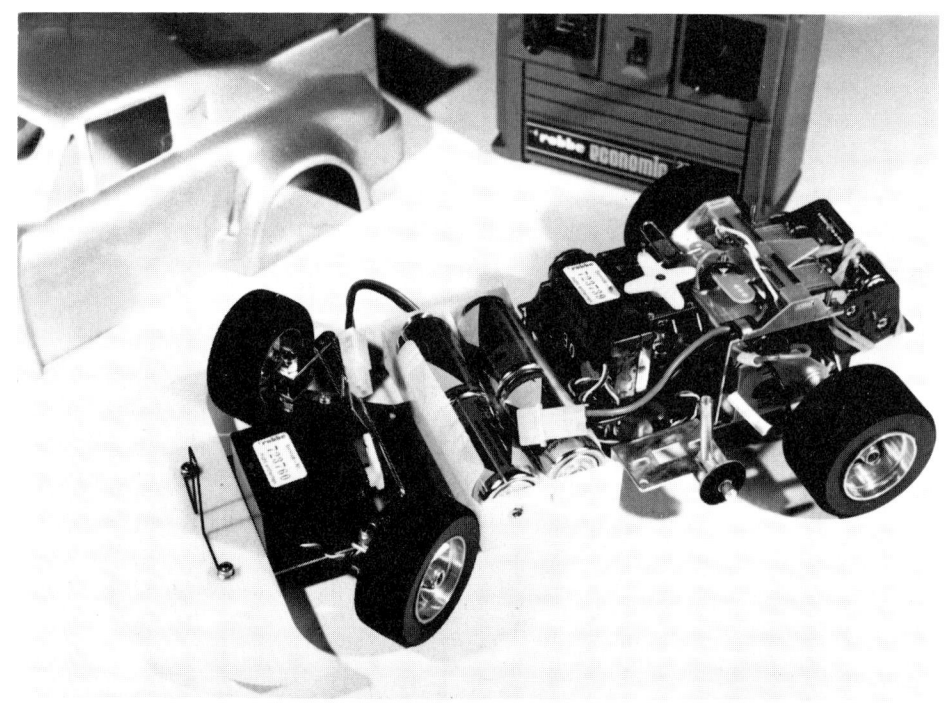

Bild: 2.1.2/14   Robbe 1:12-Komplett-Set mit Porsche-Karosserie.

Bild: 2.1.2/15
Die Vorderachskonstruktion mit dem Lenkservo.

Bild: 2.1.2/16   Die Hinterachse mit dem Fahrtregler und dem Fahrtreglerservo.

Bild: 2.1.2/17   Draufsicht auf die hintere Fahrzeughälfte.

Bild: 2.1.2/18 Eins der allerersten serienmäßigen Wettbewerbsfahrzeuge mit Elektroantrieb war der MRL 16 der Firma Mc Gregor. Das Fahrzeug ist ebenfalls im Maßstab 1:12.

Bild: 2.1.2/19 Blick auf den robusten Stufenschalter.

Bild: 2.1.2/20
Der Platz auf dem Chassis ist voll genutzt.

Bild: 2.1.2/21
Hier noch einmal die Vorderachse mit dem Servo-Saver.

Bild: 2.1.2/22
Blick auf die Vorderachse mit dem Servo-Saver.

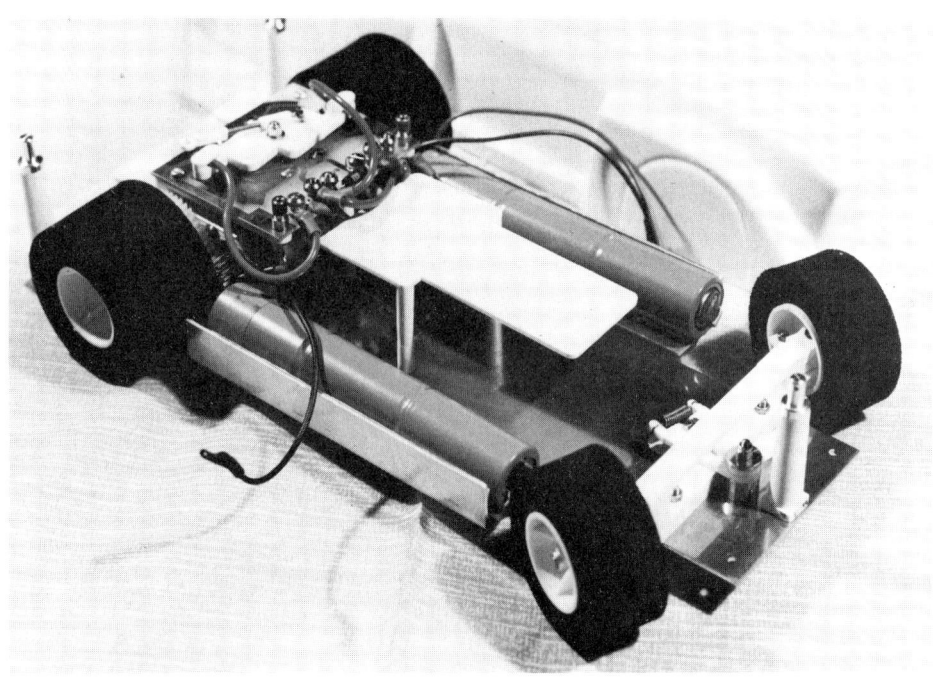

Bild: 2.1.2/23 Dieses Bild zeigt den neuen RC-Wagen von Mc Gregor, den MRL 17, mit den außenliegenden Akkus, der neuen Vorderachskonstruktion und dem verbesserten Fahrtregler.

Bild: 2.1.2/24 Das Fahrzeug-Heck mit dem verbesserten Fahrtregler.

Bild: 2.1.2/25
Der neue Fahrtregler noch einmal allein.

Bild: 2.1.2/26 Graupner 1:12-Fertigmodelle „Porsche Carrera" und „Ferrari".

Bild: 2.1.2/27   Die Hinterachse mit dem Antriebsmotor.

Bild: 2.1.2/28   Der Empfänger-Akku wird hinter der Hinterachse auf dem Chassis mit Gummiringen befestigt.

Bild: 2.1.2/29   Graupner BMW 3,5 CSL, 1:12, mit lackierter Lexan-Karosserie.

Bild: 2.1.2/30   Graupner Corvette SA, 1:12, ebenfalls mit lackierter Lexan-Karosserie.

Bild: 2.1.2/31   Graupner-Chassis der 1:12er Fahrzeuge Corvette und BMW 3,5.

Aus dem großen RC-Car-Programm der Firma Graupner im Maßstab 1:12, zeigen die Bilder 2.1.2/26 – 2.1.2/28 die Fahrzeuge Porsche Carrera RSR Turbo und Ferrari, und die Bilder 2.1.2/29 – 2.1.2/32 die Fahrzeuge BMW 3,5 CSL sowie die Corvette SA, komplett und mit abgenommener Karosserie. Diese Fahrzeuge werden betriebfertig aufgebaut, ausgerüstet mit Elektromotor und Fahrtregler, geliefert. Die fertiglakkierten Lexan-Karosserien sind ebenfalls beigegeben.

Lediglich die Fernsteuerung mit 2 Servos und der Antriebsakku sind noch einzubauen und die Reifen müssen noch mit Kontaktkleber naß in naß auf die Felgen geklebt werden.

Bild: 2.1.2/32   Rheostat-Bremse aus den Graupner-Fahrzeugen Corvette und BMW.

Bild: 2.1.2/33 Frontspeed-Fahrzeug Porsche 917-30 von Graupner.

Eine Besonderheit unter den RC-Rennfahrzeugen stellen die beiden Front-Speed-Cars von Graupner dar, die, wie schon der Name sagen will, Frontantrieb haben (Bilder 2.1.2/33 – /38). Bei diesen Fahrzeugen, die übrigens m.E. der Welt erste RC-Rennautos mit Vorderradantrieb und Frontmotor sind, treibt der vorn liegende E-Motor über ein Differentialgetriebe die Vorderräder direkt an. Im Gegensatz zum mit Hinterradantrieb ausgerüsteten Modell, das in der Kurve langsamer gefahren und unter Umständen sogar gebremst werden muß, gibt man bei diesem Auto sogar Gas in der Kurve.

Bild: 2.1.2/34 Ebenfalls mit Vorderachsantrieb ist der Renault Mirage von Graupner.

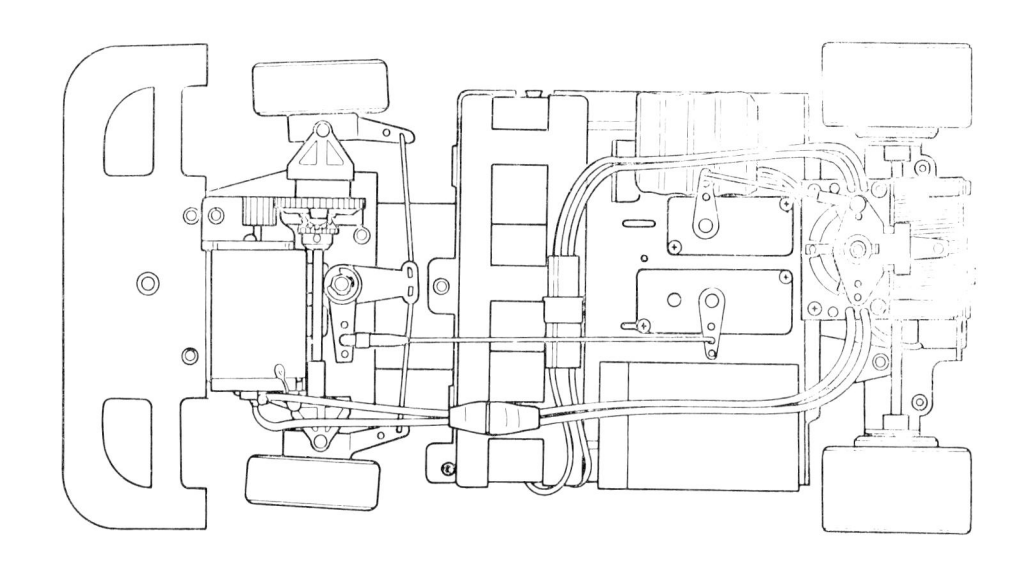

GRAUPNER/GRUNDIG FM-Fernlenksystem

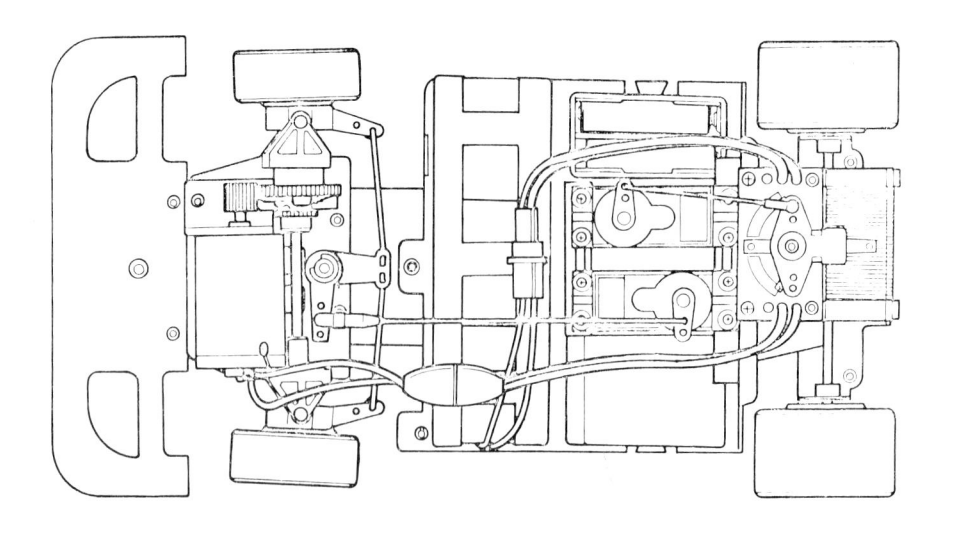

GRAUPNER SSM-Fernlenksystem

Bild: 2.1.2/34.1

Bild: 2.1.2/35 Graupner-Frontspeed-Chassis mit eingebauter Fernsteuerung Varioprop C 6.

Bild: 2.1.2/36 Die Vorderachse mit dem Antriebsmotor.

Bild: 2.1.2/37
Hier sind deutlich das Differential und der Servo-Saver zu erkennen.

Bild: 2.1.2/38
Fahrzeug-Heck mit Fahrtregler.

Bild: 2.1.2/39   Robbe „Sonic-Sports" VW-Golf mit Frontantrieb.

Auch die Robbe-Fahrzeuge „Sonic-Sports", von denen die Bilder 2.1.2/39 und 2.1.2/40 den VW-Golf zeigen, sind mit Frontalantrieb ausgestattet. Besonders interessant an diesen Fahrzeugen ist, daß man sie mit Hilfe eines Umrüstsatzes (siehe 3.6.) von Front- auf Allradantrieb umrüsten kann.

Bild: 2.1.2/40   Das Chassis des Robbe VW-Golf.

Bild: 2.1.2/41   Graupner-Super-Speed Race-Car Porsche Turbo.

Bild: 2.1.2/42   Graupner-Super-Speed Race-Cars BMW M 1 und Mercedes 450.

Bild: 2.1.2/43   Graupner „Super-Speed" ohne Karosserie.

Auf der Nürnberger Messe 1980 wurden die drei "Super-Speed-Race-Cars"BMW M1, Mercedes 450 SLC und Porsche Turbo vorgestellt (Bild 2.1.2/41 – 44), die eine Weiterentwicklung der bereits bekannten und bewährten Graupner-RC-Cars darstellen und besonders für den Wettbewerbseinsatz geeignet sind. Auch diese Fahrzeuge werden als Fertigmodelle mit teillackierter Lexan-Karosserie geliefert. Der Motor, die Rheostat-Elektrobremse und das Fahrtreglersystem sind bereits eingebaut.

Bild: 2.1.2/44   Die Vorderachse mit dem Servo-Saver.

Abweichend von den bisher aufgeführten Fahrzeugen der Firma Graupner, sind diese Modelle mit einem Servo-Überlastungsschutz (Servo-Saver) und Spezialreifen sowie mit einem Glasfaser-Chassis und einer Aludruckguß-Vorderachse ausgerüstet. Die Hinterachse kann mit Kugellagern nachgerüstet werden.

Die von Ihrem Slot-Racing-Programm her seit vielen Jahren wohlbekannte Firma Carrera, von der man aufgrund ihrer Sachkenntnis und herstellungstechnischer Voraussetzungen schon lange ein entsprechendes RC-Car-Programm erwartet hat, brachte zur Nürnberger Messe '80 mit einem Schlag ein komplettes Programm an RC-Cars mit E-Antrieb im Maßstab 1:12 auf den Markt, das mit seinen Umrüstmöglichkeiten kaum einen Wunsch offenläßt. Dabei halten sich die Preise dieses ersten "Made in Germany"-Programms erfreulicherweise in erträglicher Höhe. Daß die Qualität ebenfalls einwandfrei ist, das war für mich bei Carrera natürlich selbstverständlich.

Alle Carrera-Fahrzeuge sind fertigmontiert, so daß nur noch die glasklare Lexan-Karosserie bemalt und mit beiliegendem Dekormaterial verziert werden muß und die Fernsteuerung sowie der Fahrakku untergebracht werden müssen.

Servo-Überlastungsschutz und Differential gehören bei diesen Fahrzeugen zur Grundausstattung. Die Bilder 2.1.2/45 – 2.1.2/47 zeigen als Beispiel den Porsche 935 aus dem Carrera-Programm.

Bild: 2.1.2/45   Porsche 1:12 der Firma Carrera.

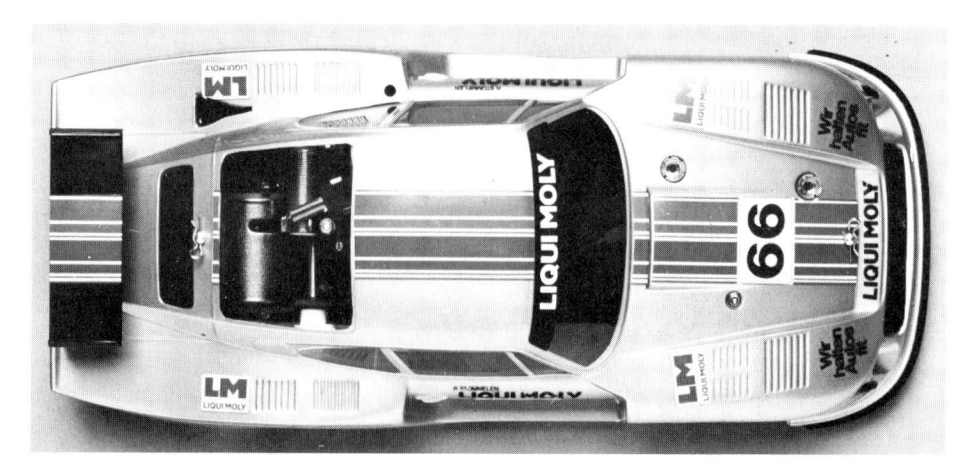

Bild: 2.1.2/46   Der Carrera-Porsche in der Draufsicht.

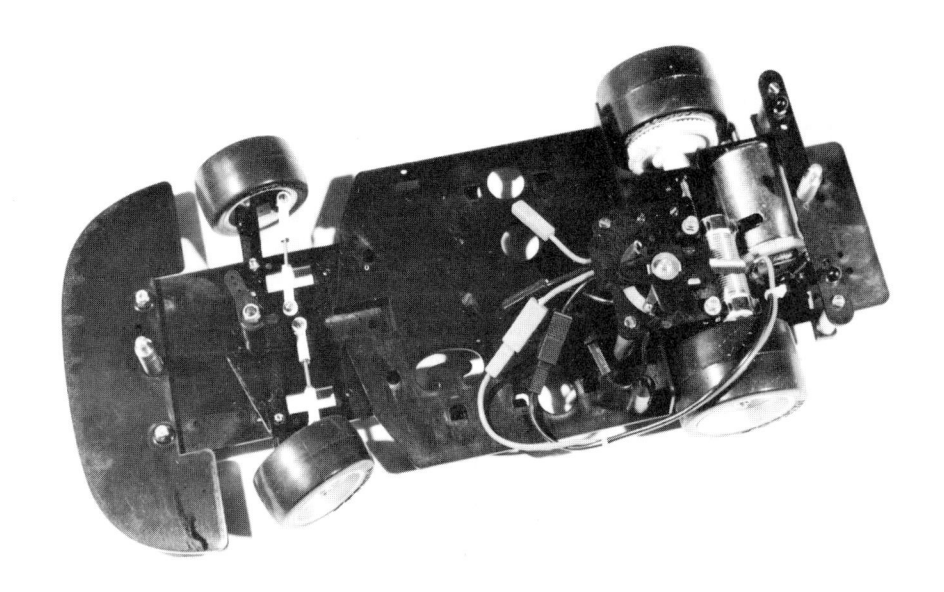

Bild: 2.1.2/47   Das Fahrzeug wird fertigmontiert geliefert.

Ein wettbewerbserprobtes Fahrzeug der 1:12er Elektro-Klasse, das mir H.J.Frömgen vom Modell-Auto-Club-Hamburg (MACH) freundlicherweise für die Aufnahmen zur Verfügung stellte, zeigen die Bilder 2.1.2/48 – 2.1.2/51. Dieses Fahrzeug ist offensichtlich im Eigenbau unter Zuhilfenahme verschiedener handelsüblicher Ersatzteile entstanden.

Bild: 2.1.2/48   Wettbewerbsmodell 1:12 mit E-Antrieb, Eigenkonstruktion.

Bild: 2.1.2/49   Das Modell ohne Karosserie.

Bild: 2.1.2/50   Die Hinterachse mit dem Fahrtregler.

Bild: 2.1.2/51
Die Vorderachse mit dem Lenkservo.

Der in den Bildern 2.1.2/52 – 2.1.2/57 gezeigte Buggy TRIAL von Multiplex ist ebenfalls im Maßstab 1:12 gehalten. An diesem Fahrzeug läßt sich per Hand ein Dreistufen-Getriebe in die für den jeweiligen Einsatzbereich gewünschte Untersetzung einstellen. In der ersten Stufe, die eine Untersetzung von 19,4:1 bringt, ist der Trial praktisch durch nichts aufzuhalten. Er ist dabei nicht schnell, nimmt aber fast jede Steigung. Die einzeln aufgehängten Räder und das in der Höhe verstellbare Fahrwerk, erlaubt die Anpassung an jedes Gelände. Die zweite Stufe (13,3:1) ermöglicht ein gemütliches Fahren im Garten, während die dritte Stufe (7,7:1) ein flottes Renntempo bringt.

Bild: 2.1.2/52   Dieses Bild zeigt den 1:12er Buggy „Trial" von Multiplex.

Bild: 2.1.2/53 Trial ohne Karosserie.

Bild: 2.1.2/54
Die Vorderachse. Im Hintergrund ist der Fahrtregler zu erkennen.

Bild: 2.1.2/55   Die Hinterachse mit Antriebsmotor und Dreistufen-Getriebe.

Bild: 2.1.2/56   Die Einzelradaufhängung der Vorderachse.

Bild: 2.1.2/57 Auch die Hinterräder sind einzeln aufgehängt.

Ebenfalls geländegängig sind die Fahrzeuge RENAULT ALPINE (Bild 2.1.2/58 – /62), DATSUN FAIRLADY 240 Z und MERCEDES JEEP von der Firma Graupner, die im Maßstab 1:10 geliefert werden und sich in den technischen Daten gleichen. Diese Modelle sind technisch sehr interessant. Sie haben Einzelradaufhängung und eine Doppelgelenk-Pendelhinterachse mit Differential, Schräglenkern und Schraubenfedern, wie sie auch bei professionellen Rennwagen eingesetzt werden. Durch die raf-

Bild: 2.1.2/58 Graupner-Modell „Renault Alpine" im Maßstab 1:10.

Bild: 2.1.2/59   Der Alpine ohne Karosserie. Die Fernsteuerung und der Fahrakku sind hier bereits eingebaut.

finiert konstruierte Doppellenker-Trapezvorderachse, die bei Geländeunebenheiten Spuränderungen weitgehend ausgleicht, wird ein optimales Fahrverhalten erreicht. Das geschlossene Dreistufen-Wechselgetriebe gibt den Fahrzeugen die Möglichkeit, je nach Getriebestufe von 30 km/h bis 50 km/h schnell zu sein, wobei im langsamen Gang Steigungen von bis ca. 45 Grad überwunden werden können.

Bild: 2.1.2/60   Die Vorderachskonstruktion des Renault Alpine.

Bild: 2.1.2/61 Die einzeln aufgehängten Räder passen sich jeder Unebenheit des Geländes an.

Bild: 2.1.2/62 Blick auf den Antriebsmotor mit Getriebe. Im Hintergrund sind der Empfänger, der Fahrtregler und der Fahrakku zu sehen.

Bild: 2.1.2/63   Robbe „Eleck-Peanuts", Maßstab 1:10.

Ein weiteres geländefähiges Fahrzeug mit Elektroantrieb ist der ELECK–PEANUTS–Buggy von Robbe, der auch im Maßstab 1:10 geliefert wird (Bilder 2.1.2//63 und 2.1.2/64 nächste Seite).

Ebenfalls abweichend von dem sonst in der Mehrzahl üblichen Maßstab der Elektro-Fahrzeuge, nämlich 1:12, ist das in dem Bild 2.1.2/65 gezeigte Fahrzeug SG–RODEO von Robbe, das im Maßstab 1:8 angeboten wird.

Bild: 2.1.2/65   Robbe SG-Rodeo Elektro-RC-Car 1:8.

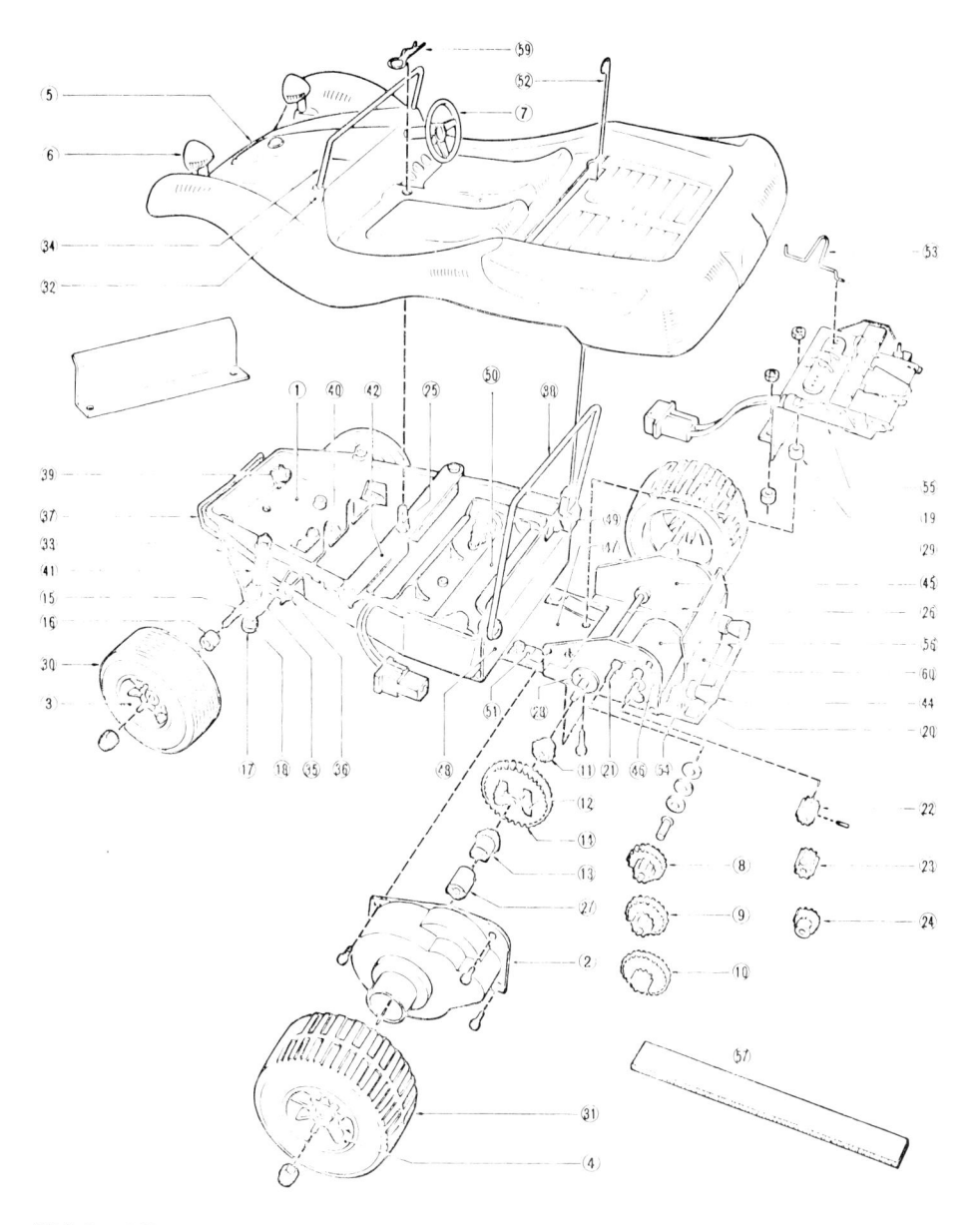

Bild: 2.1.2/64

Stückliste zum robbe-Montagekasten „Eleck-Peanuts"

Stückl.-Nr.	Bezeichnung	Stück
1	Chassiswanne	1
2	Getriebeabdeckung	1
3	Felge, vorn	2
4	Felge, hinten	2
5	Karosserie, lackiert	1
6	Frontscheinwerfer	2
7	Lenkrad	1
8	Zweistufenzahnrad, 25 Z	1
9	Zweistufenzahnrad, 28 Z	1
10	Zweistufenzahnrad, 30 Z	1
11	Kegelrad, Differential	1
12	Kegelrad, Differential	2
13	Kegelrad mit Mitnehmer, Differential	1
14	Hauptzahnrad	1
15	Vorderachse	2
16	Distanzring, Vorderachse	2
17	Achsschenkelbolzen	2
18	Dämpfungsscheibe	2
19	Distanzring, Fahrtregler	2
20	Panhardstab	1
21	Lagerstift, Zweistufenzahnrad	1
22	Ritzel, 10 Z	1
23	Ritzel, 12 Z	1
24	Ritzel, 15 Z	1
25	Abstandsbolzen	1
26	Hinterachse	1
27	Zwischenstück, Getriebe	1
28	Lagerbuchse	2
29	Stellring	1
30	Vorderreifen	2
31	Hinterreifen	2
32	Haltegummi, Windschutzscheibe	2
33	Stabilisator, vorn	1
34	Rahmen, Windschutzscheibe	1
35	Blattfeder, vorn	1
36	Vorderachsaufhängung	2
37	Stoßstange	1
38	Überrollbügel	1
39	Befestigungsschelle, Stabilisator	2
40	Spurstange	1
41	Schraubenfeder, vorn	2
42	Traverse	1
43	Akkuhalterung	1
44	Auspuffattrappe	2
45	Motorhalterung	1
46	Distanzscheibe, Motor	1
47	Chassisplatte	1
48	Verstärkungsplatte, Chassiswanne	1
49	Schelle, Ladebuchse	1
50	Batteriehalter	1
51	Blattfeder, hinten	2
52	Antennenführung	1
53	Fahrtreglergestänge	1
54	Lagerbock, Panhardstab	1
55	Fahrtregler	1
56	Motor	1
57	Doppelklebeband	1
58	Abziehbilder (Satz)	1
59	Sicherungssplint	1
60	Halteblech, Auspuff	1
61	Stopmutter M 3	2
62	Stopmutter M 4	4

Bild: 2.1.2/66
Multiplex-Amphibien-Fahrzeug „Amphi" mit E-Antrieb.

Ein außergewöhnliches RC-Auto hat die Firma Mulitplex im Februar 1980 auf der Nürnberger Spielwarenmesse vorgestellt (Bilder 2.1.2/66 – 2.1.2/68). Bei diesem Fahrzeug handelt es sich um ein Amphibienfahrzeug, das auf ebenem wie unebenem Boden ebenso wie auf Wasser fahren kann. Das "Amphi" genannte Auto hat zwei voneinander unabhängig einschalt- und regelbare Elektro-Antriebsmotoren, einen für den Betrieb an Land und einen für das Wasser.

Bild: 2.1.2/67
Mit den großen profilierten Antriebsrädern ist „Amphi" sehr geländegängig.

Bild: 2.1.2/68
Das Heck mit der Wasserschraube und dem Ruder.

Die Technik bleibt nicht stehen, auch nicht im Modellbau. Wer meint, alle am Markt angebotenen interessanten geländegängigen RC-Fahrzeuge mit Verbrennungsmotor-Antrieb zu kennen, der irrt sich sicher. Mir erging es ebenso. Kaum hatte ich mir die m. E. interessantesten Modelle aufgeführt, schon erschien im Programm der Firma Webra ein tolles neues Modell, ein Buggy mit Pfiff. Dieser Buggy, der unter dem Namen Funko-Mexico angeboten wird, hat ein Fahrgestell das zum größten Teil aus Aluminium-Spritzguß besteht. Das Getriebe hat gehärtete Stahlzahnräder, ist staubdicht und läuft im Ölbad. Die Kraftübertragung auf die beiden Hinterräder erfolgt mittels Zahnriemen, die staub- und ölgeschützt in den hinteren Schwingarmen laufen. Die beiden Hinterachsen sind jeweils in zwei abgedichteten Kugellagern gelagert. Die

Bild: 2.1.2/69   Der brandneue FUNCO-MEXICO von Webra

Bild: 2.1.2/70

Bild: 2.1.2/70b

Vorderradaufhängung besteht aus doppelten Schwingarmen. Der „Funco-Mexico" ist mit Federstoßdämpfern ausgestattet und kann zusätzlich mit als Sonderzubehör erhältlichen Öldruckstoßdämpfern ausgerüstet werden.

Die Bilder 2.1.2/69 + 70a, b, c, zeigen den FUNCO-MEXICO von Webra komplett und einige Detailansichten.

Wenn ich aus Platzgründen auch nicht alle RC-Cars aufführen kann, auf den besonderen Gag, die RC-Motorräder der Firma Graupner, will ich nicht verzichten.

Das erste Motorrad, der "Eleck-Rider", den die Firma Graupner im Herbst 1979 auf den Markt gebracht hat, wird von einem Elektromotor angetrieben und von einem Sinterzellen-Akku versorgt. Die Kraftübertragung erfolgt wie beim Original mittels einer Kette (Bild 2.1.2/71 bis 78).

Ausgerüstet wird das Motorad mit zwei Servos, von denen eins der Lenkung und das andere der Schaltung und Regulierung des Antriebmotors dient.

Bild: 2.1.2/71   Das Graupner RC-Motorrad „Eleck-Rider".

Technische Daten

Länge	346 mm	Vorderrad-Ø	115 mm
Höhe	105 mm	Hinterrad-Ø	110 mm
Breite	58 mm	Motor	Mabuchi RS-380 S
Gewicht ca.	1600 g	Batt. max.	5/RSH 1,2
Radstand	236 mm	Geschwindigkeit	ca. 30 km/h

Bild: 2.1.2/72 Im Freiraum zwischen dem Rahmen sitzt links das Servo mit dem Widerstandsregler.

Bild: 2.1.2/73 Die Kraftübertragung ist hier gut zu erkennen. Der Fahrakku wird mit Gummiringen unter den Rahmen gebunden,

Bild: 2.1.2/74 Blick auf das Lenkservo mit dem Steuergestänge. Unter der Tankabdeckung sitzt der Batteriekasten für den Empfänger.

Bild: 2.1.2/75
Die Vorderradgabel.

Bild: 2.1.2/76
Der Fahrtregler, verdrahtet mit dem Motor.

Bild: 2.1.2/77

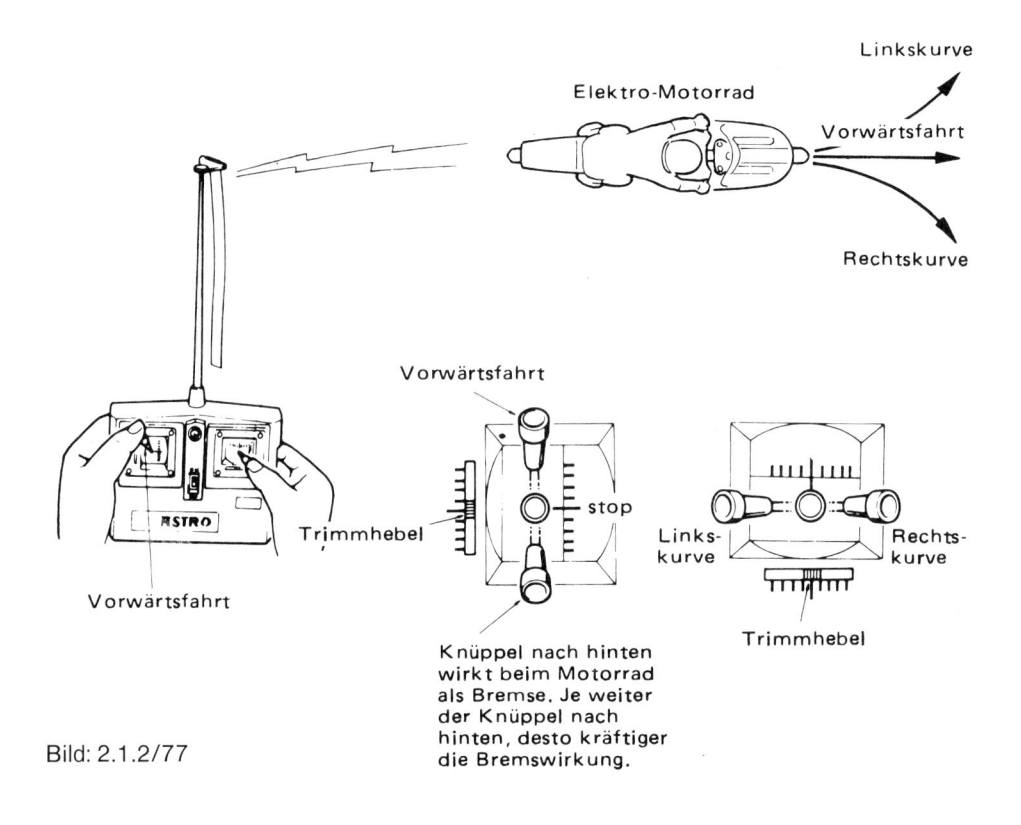

Knüppel nach hinten wirkt beim Motorrad als Bremse. Je weiter der Knüppel nach hinten, desto kräftiger die Bremswirkung.

Stückliste zu Bild 2.1.2/78

1 Verkleidung
2 Verkleidungshalterung A
3 Verkleidungshalterung B
4 Rahmen
5 Batterie-Halterung
6 Gummibänder z. Festhalten der Batterie
7 Regler
8 Motor
9 Vorderreifen
10 Felge
11 Hinterreifen
12 Sattel-Tank
13 Vordere Scheibenbremse
14 Hintere Scheibenbremse
15 Teleskopwelle
16 Teleskophülse
17 Distanzhülse A
18 Distanzhülse B
19 Gabelfeder
20 Teleskoplager
21 Lenkplatte
22 Lenkbuchse
23 Vorderradachse

24 Gummi-Dämpfungselement
25 Lenkkopf
26 Lenkkopfachse
27 Lenkkopflager
28 Lenkkopflagerachse
29 Lenkkopfzapfen
30 Lenkkopfzapfen-Hülse
31 Lenkkopfachsen-Lager
32 Lenkstange
33 Lenkerfeder
34 Lenkerhalteschraube
35 Servo-Saver-Hebel A
36 Servo-Saver-Hebel B
37 Servo-Saver-Welle
37a Servo-Saver-Rohr
38 Servo-Saver-Feder
39 Getriebegehäuse
40 Metallwelle (S), kurz
41 Metallwelle (L), lang
42 Getriebewelle
43 Ritzel (10 Zähne)
44 Ritzel (12 Zähne)
45 Ritzel (15 Zähne)

Bild: 2.1.2/78

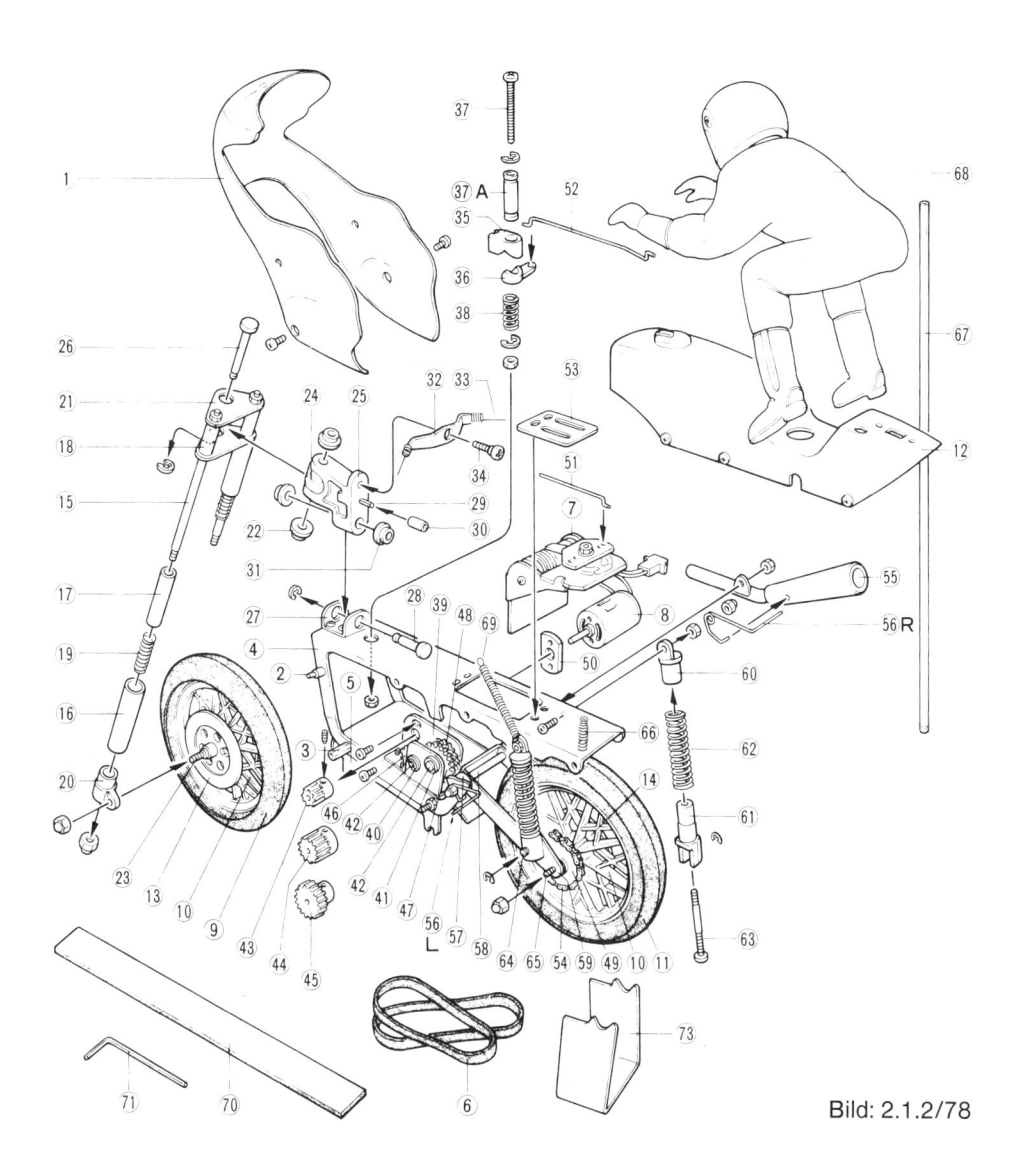

46	Mittleres Getrieberad
47	Zahnrad (30 Zähne)
48	Kettenrad (S)
49	Kettenrad (L)
50	Motor-Distanzstück
51	Reglergestänge
52	Lenkgestänge
53	Servoeinstellplatte
54	Kette
55	Schalldämpfer
56	Rechte Fußraste
57	Linke Fußraste
58	Schwingarmachse
59	Schwingarm
60	Oberes Stoßdämpferlager
61	Unteres Stoßdämpferlager
62	Stoßdämpferfeder
63	Stoßdämpferachse
64	Stoßdämpfer-Haltezapfen
65	Hinterradachse
66	Antennenhalterung
67	Antennenrohr
68	Fahrer
69	Fahrer-Haltefeder
70	doppels. Klebeband
71	Inbusschlüssel
72	Abziehbild
73	Ständer zum Aufbocken des Motorrades

Da ein Motorrad, im Gegensatz zu einem vierrädrigen Fahrzeug, bei zu großer Schräglage oder zu niedriger Fahrgeschwindigkeit, seitwärts umkippt, sollte man zumindest anfangs nur mittlere Geschwindigkeiten fahren und nur kleine, sanfte Bewegungen mit dem Steuerknüppel ausführen. Erst wenn man sich mit dem Betrieb und der Fahrweise vertraut gemacht hat, kann man nach Austausch der Zahnräder viel Spaß an der dann merkbar höheren Geschwindigkeit und dem Fahrverhalten des Modells haben.

Bei dem zweiten Motorrad der Firma Graupner (Bild 2.1.2/79), das auf der Nürnberger Spielwarenmesse im Februar 1980 als Neuheit vorgestellt wurde, handelt es sich um die vorbildgetreue Nachbildung eines Moto-Cross-Motorrades, das mit Elektroantrieb ebenso wie mit Verbrennungsmotor-Antrieb lieferbar ist.

Dieses Motorrad, mit dem bei hohen Geschwindigkeiten sogar wie beim Original Geländesprünge möglich sind, kann durch das eingebaute, automatische Balance-Semi-Direct-Steering-System (SDSS) auch ohne Vorkenntnisse betrieben werden. Zum Steuern ist eine Proportional-Fernsteuerung mit 2 Servos erforderlich. Wie schon das

Bild: 2.1.2/79   Graupner RC-Moto-Cross-Motorrad mit E-Motor.

Motorrad aus dem Bild 2.1.2/71, hat auch dieses Fahrzeug in der E-Ausführung einen stufenlos regelbaren Speed-Controller mit elektroproportionalem Bremssystem.

Die Rennfahrer-Puppe ist hier nicht im Bausatz enthalten, sondern gesondert lieferbar.

Technische Daten:

Länge	475 mm
Höhe	260 mm
Breite	200 mm
Radstand	330 mm
Vorderreifen-Ø	150 mm
Hinterreifen-Ø	142 mm
Antriebssystem	Kette

2.2. Fahrzeuge mit Verbrennungsmotor

Die ferngesteuerten Modellfahrzeuge mit Verbrennungsmotor bieten auch heute noch, wo wir soviele Probleme mit dem Lärm allgemein haben und wo überall gleich die Polizei gerufen wird, wenn man auch nur in weiter Ferne den Antriebsmotor eines Flug-, Schiffs- oder Automodells zu hören glaubt, einen großen Reiz all denen, die neu anfangen wollen. Man glaubt tatsächlich, daß nur ein lauter Motor Leistung bringen kann. Schon der mit einem Schalldämpfer merkbar leiser laufende Motor wird mit Skepsis betrachtet. Möglicherweise wird manch einer die Leistung der Elektro-Rennwagen – die wirklich sehr schnell fahren können – erst dann anerkennen, wenn während des Rennens auf Band aufgenommene Motorgeräusche über Lautsprecher wiedergegeben werden.

Aber nun zur Sache. Ich wollte hier über RC-Cars mit Verbrennungsmotor schreiben und nicht über Sinn oder Unsinn mancher Gewohnheit und mancher Umweltschutz-Forderung.

Bild: 2.2/1 Graupner Mini-Cooper und Fiat Silhouette, im Maßstab 1:12, mit Verbrennungsmotor 0.61 cu.in. (1ccm).

Ähnlich wie bei den Fahrzeugen mit Elektromotor-Antrieb, gibt es auch bei den Fahrzeugen mit Verbrennungsmotor ein großes Angebot recht unterschiedlich einsetzbarer Modelle.

Auch im Maßstab werden diese Fahrzeuge unterschiedlich angeboten. Es gibt die altbekannten typischen Rennfahrzeuge im Maßstab 1:8, Buggys im Maßstab 1:10 und 1:8, Stock-Cars im Maßstab 1:8, sowie neuerdings die kleinen Rennfahrzeuge von Graupner im Maßstab 1:12, mit denen man sicher der finanzschwächeren Jugend einen preiswerten Einstieg ermöglichen will.

Im folgenden möchte ich einige der bekannten und bewährten sowie auch brandneue Fahrzeuge vorstellen. Die Auswahl ist rein zufällig und nicht als Qualitätsurteil anzusehen.

Das Bild 2.2/1 zeigt gleich die preiswerten kleinen Modelle "Mini-Cooper" und "Fiat Silhouette", die die Firma Graupner auf der Messe 1980 in Nürnberg vorgestellt hat. Diese Fahrzeuge werden fertigmontiert mit eingebautem Motor "OS 0.61" (1 ccm) geliefert. Die Fernsteuerung ist aber, wie bei allen Bausatz- oder Fast-Fertigmodellen, nicht enthalten.

Bild: 2.2/2   Dieses Bild zeigt das Fahrzeug wie es geliefert wird, jedoch ohne die Karosserie.

Technische Daten der beiden RC-Cars mit 1 ccm-Motor:

Radstand   203 mm
Spurweite vorn   140 mm
Spurweite hinten 138 mm
Untersetzung   6 : 1

Bild: 2.2/3
Blick auf die Hinterachse mit dem Antriebsmotor, Fliehkraftkupplung, Untersetzungsgetriebe und Drosselgestänge.

Die Bilder 2.2/2 – 2.2/5 zeigen das bei beiden Fahrzeugen gleiche Chassis ohne eingebaute Fernsteuerung, während in den Bildern 2.2/6 und 2.2/7 das gleiche Chassis mit eingebauter Fernsteuerung dargestellt wird.

Das Starten des Motors in diesen Modellen bietet keine zusätzlichen Kosten. Der Motor ist mit der eingebauten Radstarteinrichtung einfach durch schwunghaftes Drehen der Hinterräder schnell und zuverlässig anzuwerfen.

Durch die Kombination von Schalldämpfer und Nachschalldämpfer wird der Geräuschpegel so heruntergedrückt, daß diese Fahrzeuge auch ohne Probleme in der Nähe von Wohngebieten gefahren werden können.

Bild: 2.2/4
Blick auch auf den Antriebsmotor mit Schalldämpfer von hinten rechts.

Bild: 2.2/5
Auch hier ist der Antrieb noch einmal zu sehen.

Die Getriebeuntersetzung ist durch Wechseln auf ein im Zubehörprogramm erhältliches Zahnrad veränderbar, so daß die Geschwindigkeit noch gesteigert werden kann.

Speziell für den Wettbewerbseinsatz ausgelegt, sind die in den Bildern 2.2/8 – 2.2/54 gezeigten RC-Cars im Maßstab 1:8, die mit Verbrennungsmotoren von 3,5 ccm ausgerüstet werden.

Bild: 2.2/6   Hier ist das Drosselservo mit Drossel- und Bremsgestänge bereits eingebaut.

Bild: 2.2/7 Dieses Bild zeigt das Fahrzeug fertigmontiert ohne Karosserie, aber mit Fernsteuerung.

Bild: 2.2/8 Robbe-Rodeo 1:8-RC-Car ohne Karosserie mit Verbrennungsmotor und Fernsteuerung.

Technische Daten

Robbe Futura V:		Robbe Rodeo:
Radstand	300mm	300mm
Spurweite vorn	250mm	250mm
Spurweite hinten	265mm	265mm
Untersetzung	1:4,83	1:4,83

Besonders interessant ist beim Betrachten des Angebotes am Markt – wobei ich alle angebotenen RC-Cars meine, also nicht nur die hier aufgeführten – daß bisher die großen Namen des Renngeschehens wie Assosiated (USA), Thorp (USA), PB (GB), Serpent (NL), Challenger (S), SG (I), von denen nur PB, SG und Serpent offiziell in der Bundesrepublik vertreten sind, Ausländer sind. Wenn ich an unsere Industrie und ihre Möglichkeiten denke und dabei die unter dem Zeichen "Made in Germany" gerade wieder stark gefragte Qualität berücksichtige, bin ich sicher nicht der einzige, der nachdenklich wird. Wir haben es wirklich nicht nötig, unser Licht unter den Scheffel zu stellen.

Deswegen will ich die hervorragenden ausländischen Modelle, insbesondere die Fahrzeuge, die Franco Sabattini aus Italien entwickelt hat und die die Firma Robbe vertreibt, natürlich keinesfalls im Wert herabsetzen. Im Gegenteil, diese Modelle gehören zu den besten. Nicht umsonst ist Franco Sabattini mehrfach Europameister geworden.

Aus dem Programm der Firma Robbe zeigt das Bild 2.2/8 den SG-Rodeo, der speziell für den Neuling oder den schon etwas Fortgeschrittenen geeignet, bewußt niedrig im technischen Aufwand und somit in einer günstigen Preislage liegt. Mit zunehmender Erfahrung kann der Modellbauer sich dieses Fahrzeug nach und nach mit Hilfe von "Tuning-Sets" fast auf eins der "SG-Futura"-Modelle (Bilder 2.2./9 und 2.2/10) um- bzw. nachrüsten; das dann ein erprobtes Wettbewerbsmodell ist.

Die Steigerung zu dem Modell "Futura-V" ist das Modell "Futura-VTS". Ein reinrassiges Wettbewerbsmodell mit Differentialgetriebe, das hier nicht gesondert abgebildet ist.

Bild: 2.2/9   Robbe Futura V, 1:8, für 3,5 ccm Motoren.

Bild: 2.2/10   Robbe Futura V, ohne Karosserie.

Das erste in Deutschland serienmäßig hergestellte RC-Rennfahrzeug (Bilder 2.2/11 – 2.2/13), gebaut von der von den HB-Motoren bekannten Firma Helmut Bernhardt, hat die Firma Graupner 1978 auf den Markt gebracht. Trotz guter Qualität und anfänglicher Erfolge, blieb der große Erfolg aber aus. Erst das neue Modell von Graupner, das im Februar 1980 in Nürnberg erstmals vorgestellt wurde, hat gute Aussichten auf einen dauerhaften Erfolg. Dieses Fahrzeug, das unter der Bezeichnung "Expert-Speed-Car" (Bilder 2.2/14 und 2.2/15) angeboten wird, stellt praktisch das in vielen Ren-

Bild: 2.2/11   Graupner-RC-Car 1:8, für 3,5 ccm Motoren

Bild: 2.2/12   Dieses Bild zeigt einige Karosserie-Varianten, die im Graupner RC-Car-Programm (1:8) angeboten werden.

Bild: 2.2/13   Graupner RC-Car ohne Karosserie.

Bild: 2.2/14 Dieses Bild zeigt den neuen Graupner RC-Car, Modell '80, "Expert Speed".

RC-Rennautomodell für Verbrennungsmotoren von 3,5 cm^3 Hubraum mit Formel Karosserie LOTUS 78 aus Lexan

Maßstab 1:8

Vorgesehen zum Einbau eines Differentialgetriebes

Geeignet zum Einbau einer Proportional-Fernlenkanlage mit 4 Kanälen

Mit Teilen für den Fernsteuerungseinbau

Der Verbrennungsmotor sowie die Abgasanlage sind nicht enthalten

Technische Daten

Gesamtlänge ca. (ohne Spoiler)	540 mm
Radstand	304 mm
Spurweite vorn	215 mm
Spurweite hinten	205 mm
Verbrennungsmotor, Hubraum ca.	3,5 cm^3
Gewicht (ohne Karosserie, mit Fernlenkanlage) ca.	2250 g
Getriebe, einstufig	i = 1:5
Zahnradmodul	m = 1
Fahrgeschwindigkeit max. ca. bei einer Drehzahl des Motors von ca.	n = 25000 U/min.

nen erfolgreiche und bewährte RC-Car von F. Gröschl dar und wird ebenfalls in der gewohnten Präzision von der Firma Bernhardt hergestellt. F. Gröschl ist einer der erfolgreichsten und beständigsten Fahrern der letzten Jahre in den Klassen Formel und Sport.

Bild: 2.2/15   Expert-Speed ohne Karosserie.

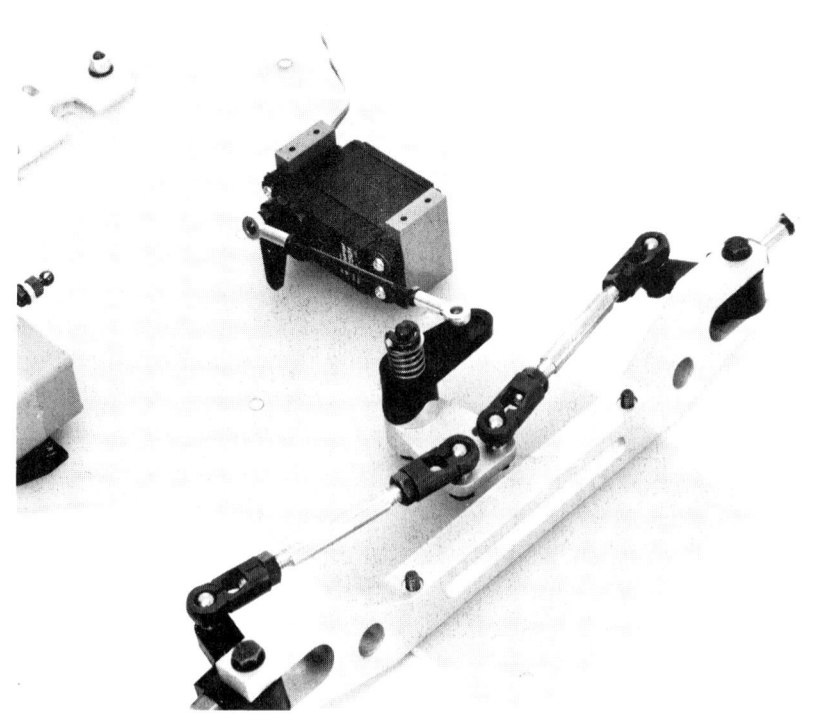

Bild: 2.2/15a   Die Vorderachskonstruktion mit Servo-Saver und Lenkservo

Bild: 2.2./15b Die Hinterachse mit Scheibenbremse und der mit Kupplung montierte Motor HB 21

Bild: 2.2./15c Hier ist deutlich die raffinierte Gas/Bremse-Gestängekonstruktion zu sehen

Bild: 2.2/15d

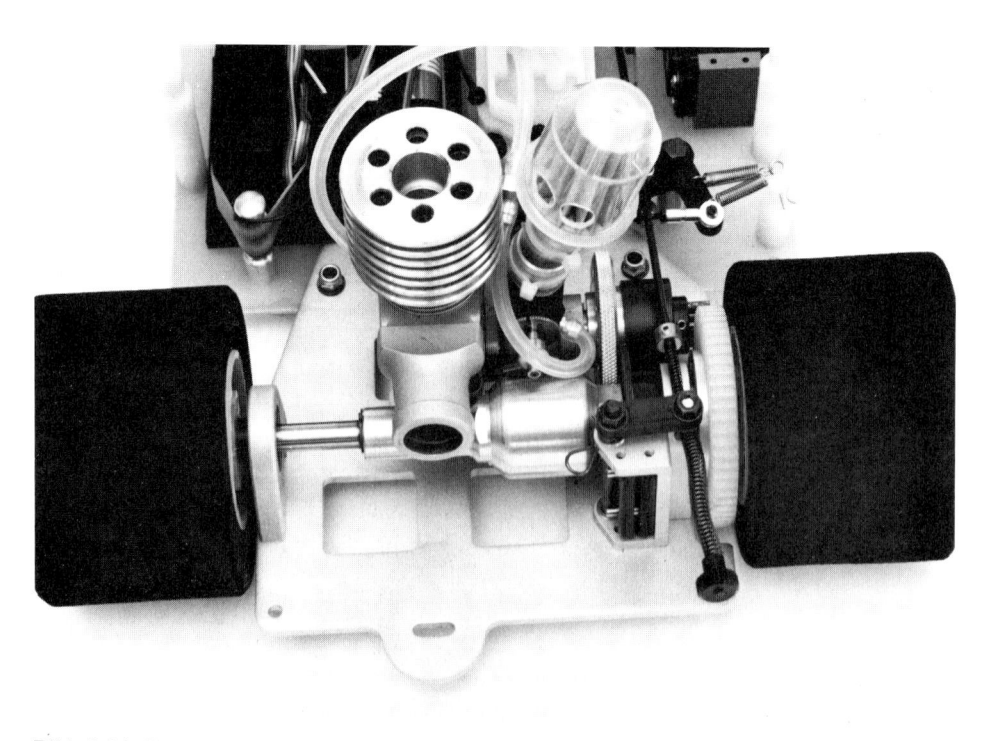

Bild: 2.2/15e

Bild: 2.2/15f   Blick auf die Antriebsteile. Vorher ohne, hier mit Schalldämpfer

Bild: 2.2/15g   Der Motor mit montiertem Luftfilter

Bild: 2.2/15h Der Motor HB 21, montiert auf die Motorblöcke mit fertig montierter Kupplung

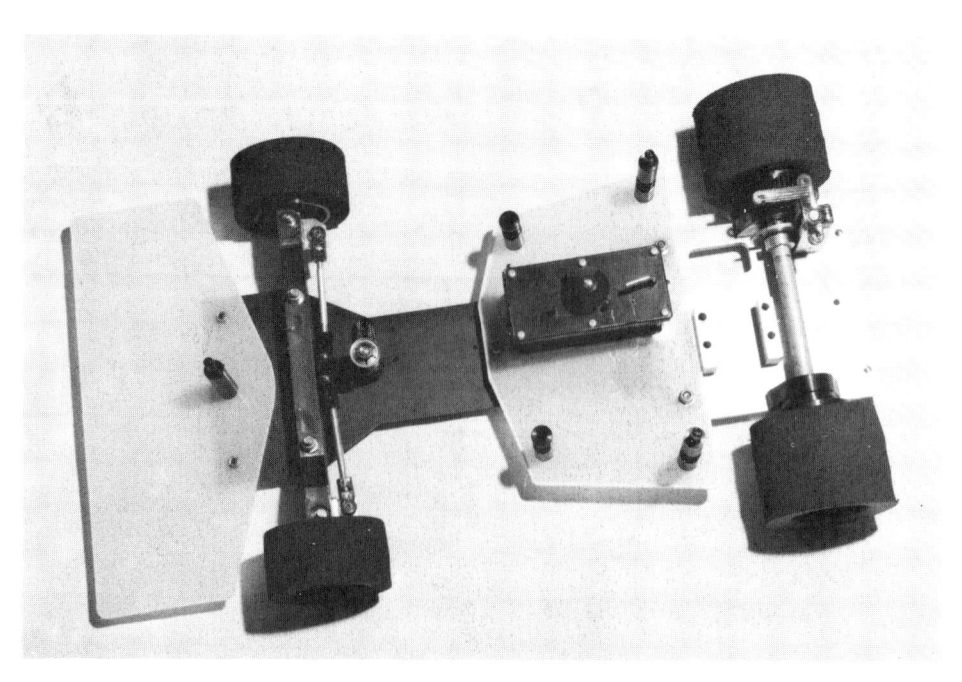

Bild: 2.2/16 Der Grundaufbau des PB-RC-Car in 1:8.

Bild: 2.2/17   Die Vorderachsenkonstruktion mit Servo-Saver.

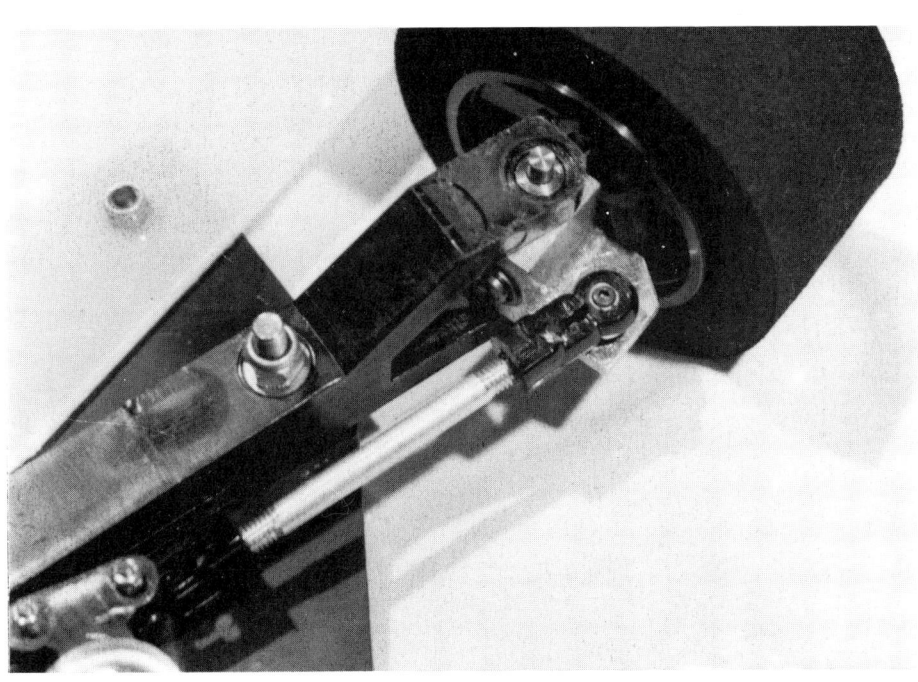

Bild: 2.2/18   Dieses Bild zeigt die rechte Spurstange und ihre Verbindung mit dem Achsschenkel.

Bild: 2.2/19   Der PB-Servo-saver.

Den seit Jahren bekannten und erfolgreichen britischen Wagen PB-International zeigen die Bilder 2.2/16 – 2.2/22 in seinen verschiedenen Aufbaustufen mit Motor aber ohne Fernsteuerung, während die Bilder 2.2/23 – 2.2/38 wettbewerbserprobte Varianten dieses Modells zeigen, die mir die Mitglieder Klaus Grupe und H.J. Frömbgen vom MACH (Modell-Auto-Club-Hamburg) freundlicherweise für die Fotos zur Verfügung stellten.

Bild: 2.2/20   Die Hinterachse mit dem Motor und Scheibenbremse.

Bild: 2.2/21   Der Motor (HB21) mit Fliehkraftkupplung und Luftfilter.

Bild: 2.2/22   Der Motor mit Fliehkraftkupplung, Luftfilter und Getriebeuntersetzung.

Bild: 2.2/23

Bild: 2.2/24

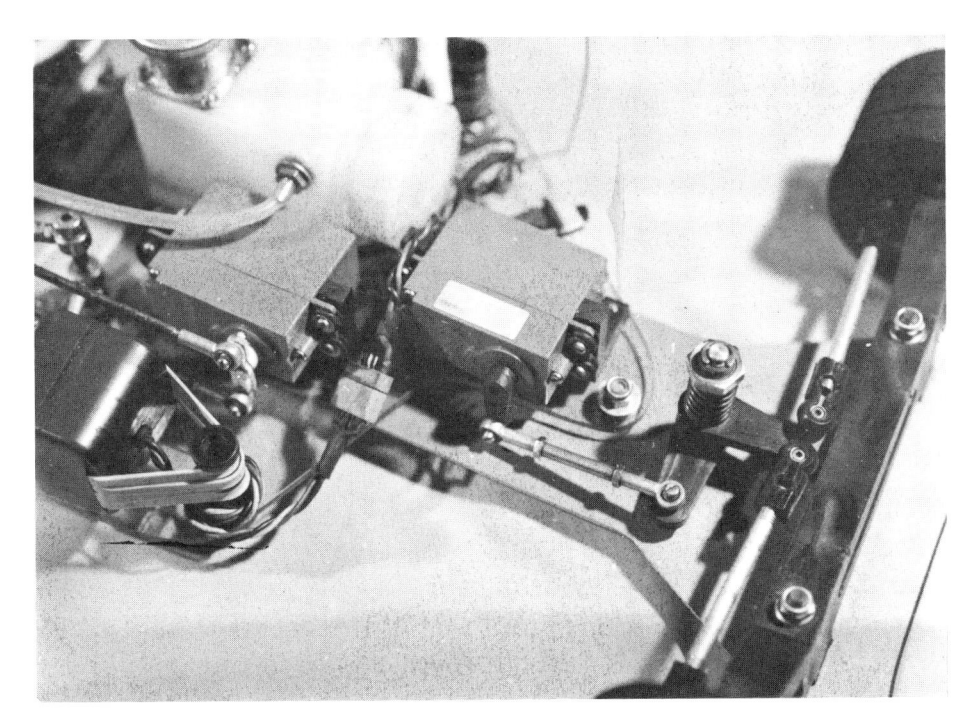

Bild: 2.2/25

Bild: 2.2/26

Bild: 2.2/27

Bild: 2.2/28   Blick auf die Unterseite des Powerpoods. Deutlich ist die Schwungscheibe zu erkennen.

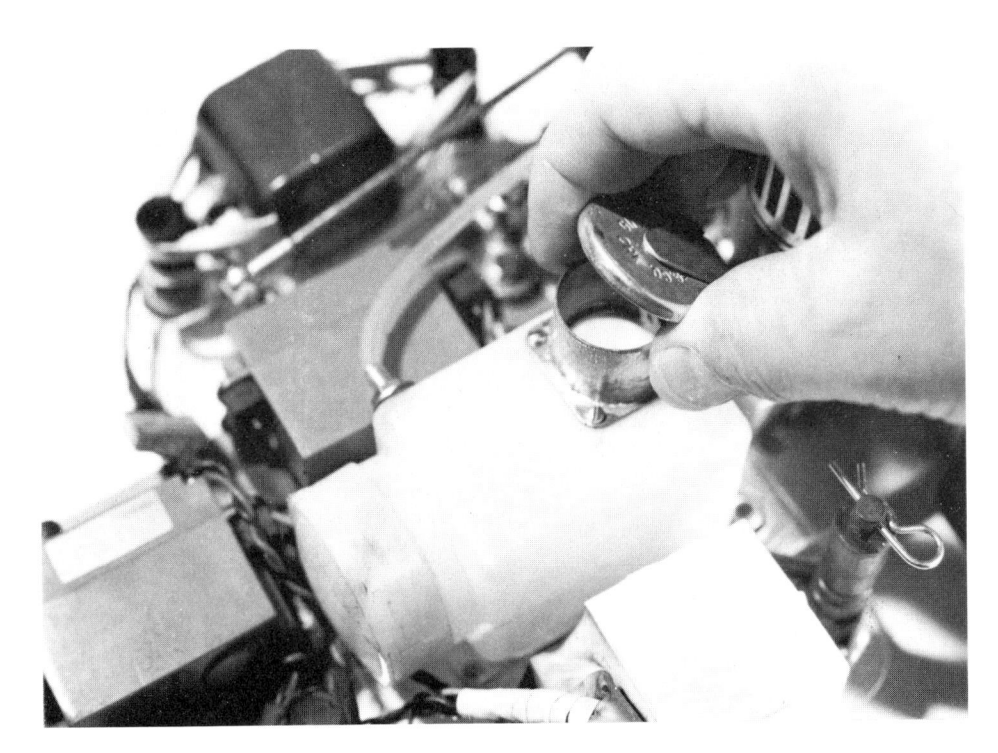

Bild: 2.2/29

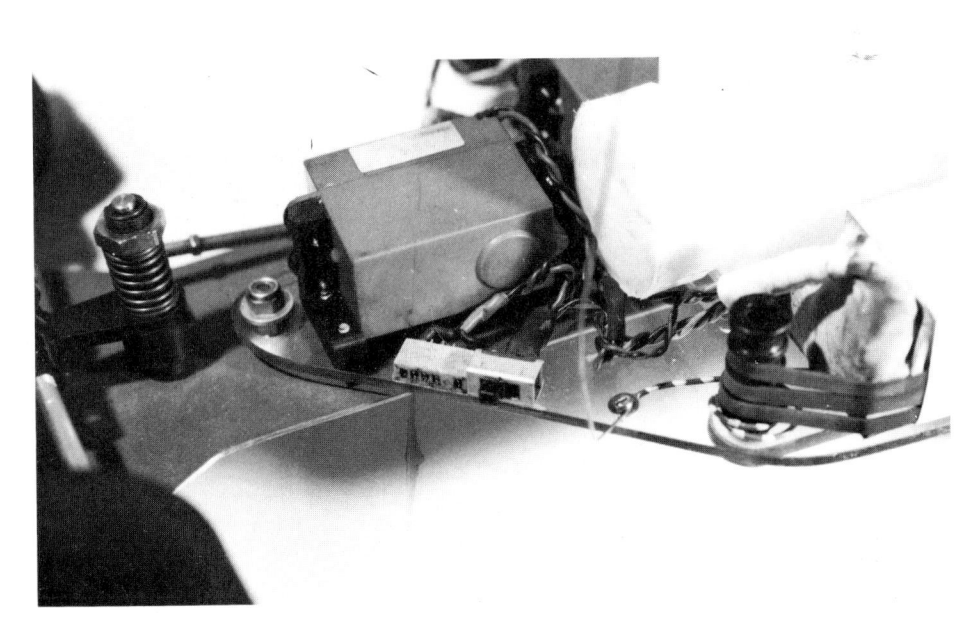

Bild: 2.2/30

Bild: 2.2/31

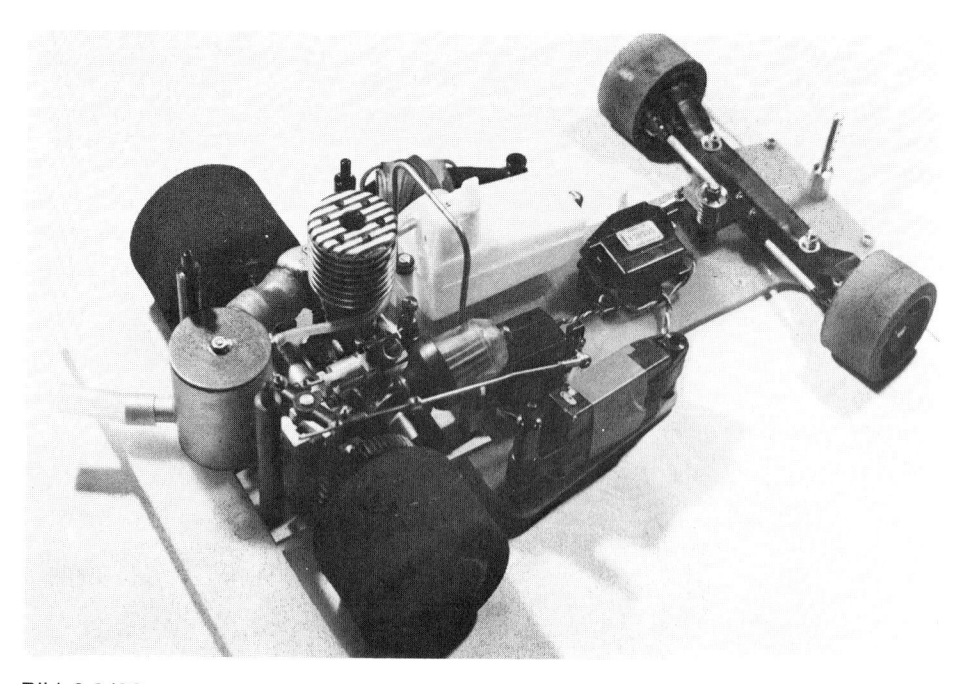

Bild: 2.2/32

Bild: 2.2/33

Bild: 2.2/34

Bild: 2.2/35

Bild: 2.2/36

Bild: 2.2/37

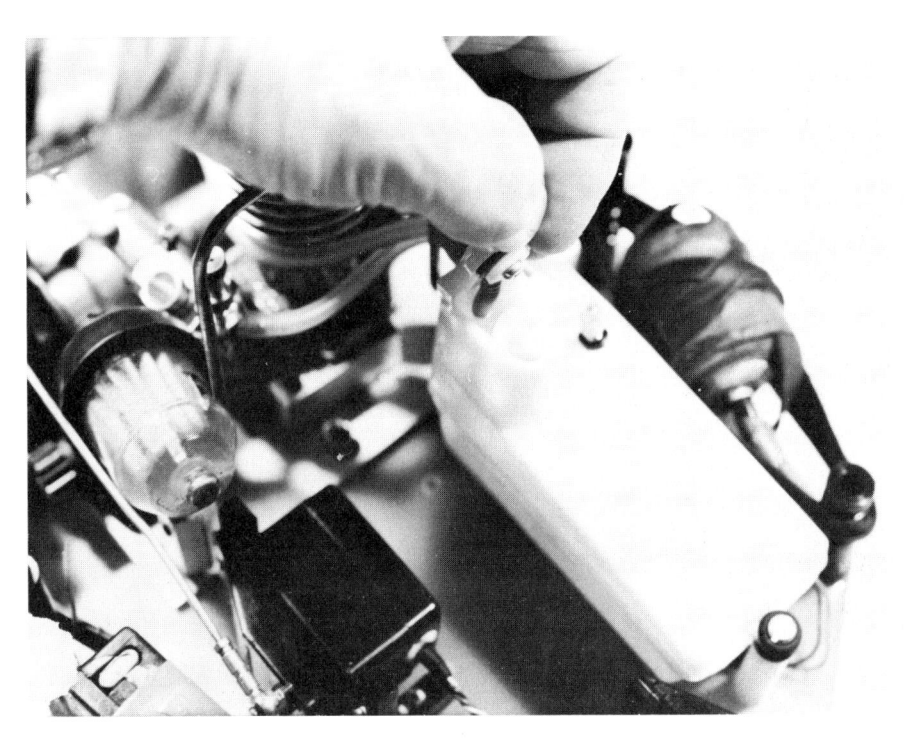

Bild: 2.2/38

Bild: 2.2/39   Das Fahrzeug von "Swiss flash".

Bild: 2.2/40

Die Bilder 2.2/39 – 2.2/41 zeigen den Chassisaufbau, die Hinterachskonstruktion und die Vorderachse des Fahrzeuges der Firma "Swiss-flash" in der Schweiz, während die Bilder 2.2/42 – 2.2/46 einige interessante Detailaufnahmen vom RC-Fahrzeug der amerikanischen Firma Thorp wiedergeben.

Für die RC-Cars im Maßstab 1:8 werden, ebenso wie für die Fahrzeuge des Maßstabs 1:12, von den verschiedenen Firmen viele Karosserien aus ABS, GfK und Lexan (Polycarbonat) angeboten. Die Bilder 2.2/47 bis 2.2/51 zeigen einige der Lexan-Karosserien, die die Firma Graupner lackiert oder unlackiert anbietet.

Bild: 2.2/41

Bild: 2.2/42   RC-Car von "Thorp" USA.

Bild: 2.2/43   Die Hinterachse mit Differenzial.

Bild: 2.2/44
Die Kraftübertragung vom Motor auf die Hinterachse erfolgt über einen Zahnriemen.

Bild: 2.2/45

Bild: 2.2/46

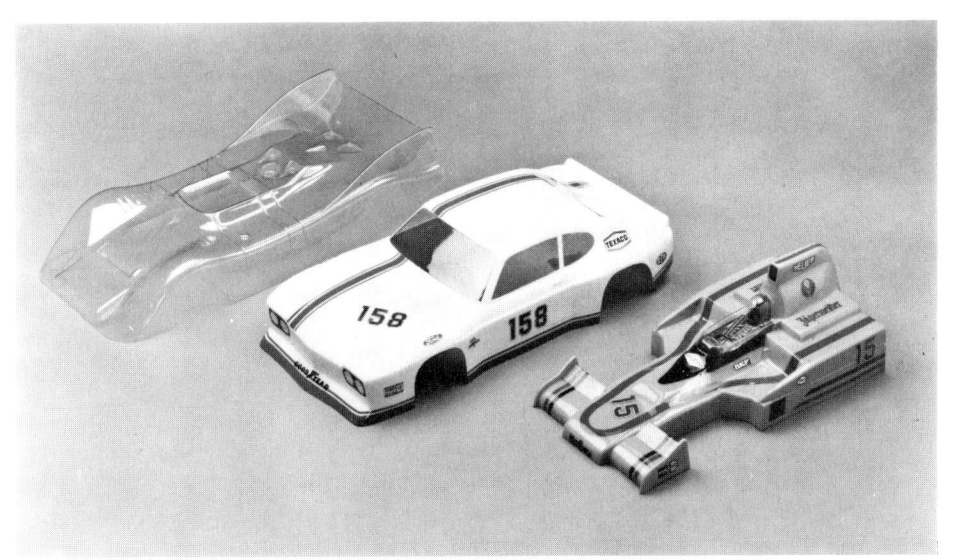

Bild: 2.2/47 Graupner 1:8 Lexan-Karosserien Porsche 936, Ford Capri und Lola F5000.

Bild: 2.2/48 Graupner 1:8 Lexan-Karosserien BMW, Porsche 917-10.

Bild: 2.2/49 Graupner 1:8 Lexan-Karosserie BMW M 1, glasklar oder lackiert lieferbar.

Bild: 2.2/50 Graupner 1:8 Lexan-Karosserie "Kroll", ebenfalls glasklar oder fertig lackiert lieferbar.

Bild: 2.2/51   Graupner 1:8 Lexan-Karosserie Mercedes 450 SLC. Auch diese Karosserie ist glasklar oder lackiert zu haben.

Bild: 2.2/52   Robbe "Peanuts-Racer" 1:10 für Verbrennungsmotorantrieb.

Bild: 2.2/53   Multiplex-Stockcar "Skorpion" 1:8, für V-Motor 3,5 ccm.

Besonders beliebt bei Jugendlichen wie Erwachsenen, sind natürlich auch bei den Fahrzeugen mit Verbrennungsmotor die ausgefallenen Modelle, die geländegängigen Buggys und die robusten Stock-Cars, die man nicht nur auf ebenen Asphalt- oder Betonbahnen fahren muß.

Der im Maßstab 1:10 gehaltene Robbe "Peanuts-Racer" (Bild 2.2/52) ist nach seiner Konstruktion ein typischer Geländewagen. Als Antrieb ist ein Verbrennungsmotor aus der 1,5-1,8 ccm-Klasse vorgesehen. Da die Befestigungs- und Kraftübertragungsteile speziell auf den Motor Enya 0,9RC abgestimmt sind, ist es aber empfehlenswert, diesen Motor einzubauen.

Mit seiner Untersetzung von 7,5:1 ist dieses 320 mm lange Modell recht leistungsfähig. Gesteuert wird der Peanuts-Racer über eine 2-Kanal-Fernsteuerung.

Bild: 2.2/54   Der Skorpion ohne Karosserie.

Wer einmal bei einem Stock-Car-Rennen zugeschaut hat, der wird verstehen, daß dieser Variante des RC-Car-Sports immer mehr Freunde gewinnt. Bei diesen Rennen geht es mehr ums Überleben als um die höchstmögliche Geschwindigkeit. Wer heil über die Runden kommt, hat die besten Chancen für einen Sieg, wenn man die vielen Ausfälle berücksichtigt, die durch Zusammenstöße verschuldet werden. Da diese Fahrzeuge keine Bremsen haben, wird alles gerammt, was nicht zu umfahren ist.

Der für V-Motoren von 3,5 ccm ausgelegte Mulitplex-"Skorpion" (Bilder 2.2/53 und 2.2/54) ist speziell für diese Rennen konstruiert. Sein starker, geschweißter Vierkantrohrrahmen und die 10mm starke Hinterachse sind nicht so leicht aus der Form zu bringen. Durch seine hohe Bodenfreiheit und den langen Federweg ist er auch dann noch fahrbereit, wenn er einmal von der festen Fahrbahn abkommt.

Die Bilder 2.2/55 bis 2.2/61 zeigen einige interessante RC-Buggys im Maßstab 1:8, die mit V-Motoren von 3,5 ccm (Simprop und Graupner) bzw. 3,5 ccm- 6,5 ccm (Multiplex) ausgerüstet werden können.

Der Simprop-Buggy (Bild 2.2/55) läßt sich, mit Hilfe eines Umrüstsatzes, auch mit einem Elektro-Antrieb ausrüsten.

Besonders robust im Vergleich ist der Mulitplex-Buggy "Kangaroo GX", der aufgrund seines Gewichtes möglichst mit einem Motor von mindestens 4 ccm ausgerüstet werden sollte.

Bild: 2.2/55   Simprop Buggy für 3,5 ccm Motoren oder E-Antrieb.

Bild: 2.2/56   Graupner RC-Buggy "Fairlady 240Z" im Maßstab 1:8 für Verbrennungsmotorantrieb.

Interessant an Graupners Buggy "Fairlady 24OZ" (Bilder 2.2/56 und /57) ist, daß er nachträglich mit Stoßdämpfern ausgerüstet werden kann.

Die Bilder 2.2/62 und /63 zeigen das schon unter den Elektromotor-Fahrzeugen gezeigte neue Motorrad der Firma Graupner in der Version mit V-Motor.

Bild: 2.2/57   Der Graupner Buggy ohne Karosserie mit eingebautem Motor.

Bild: 2.2/58   Multiplex-RC-Buggy "Kangaroo GX", Maßstab 1:8, für Motoren von 3,5-6,5 ccm.

Bild: 2.2/59   Der "Kangaroo" ohne Karosserie.

Bild: 2.2/60

Blick auf die Startvorrichtung.

Bild: 2.2/61

Bild: 2.2/62   Graupner Moto-Cross-Motorrad mit V-Motor

Bild: 2.2/63   Die V-Motor-Antriebsteile des Graupner Cross-Motorrades.

2.3. Lackierung und Verzierung

Die Gestaltung der Oberfläche der Karosserie kann auf unterschiedliche Art erfolgen und ist natürlich vom Material der Karosserie und von der Vorstellung des Modellbauers, wie das Fahrzeug später aussehen soll, abhängig. Auch spielt der Grad der Fertigkeit des Modellbauers eine große Rolle. Der künstlerisch Unbegabte sollte sich lieber nicht an ein kompliziertes Design heranwagen, da er sonst sicher eine Enttäuschung erleben wird.

Der "Acrylfix"-Sprühlack der Firma Graupner, den es in 8 Farbtönen gibt, und der Pactra "Formula U"-Lack, der in vielen Farbtönen in Dosen zum Streichen und in Sprühdosen zu haben ist, lassen sich sehr gut für die Lackierung von Karosserien aus Lexan und ABS verwenden und haften auf diesen Materialien gut, während die unter der Bezeichnung "Robbe-Racing-Colors" von der Firma Robbe angebotenen Farben, die es in 7 Farbtönen gibt, speziell zum Lackieren von Lexan-Karosserien geeignet und sehr haftfähig und elastisch sind.

Ganz gleich, aus welchem Material die Karosserie ist und ob der Lack mit dem Pinsel gestrichen oder mit der Sprühdose aufgetragen wird, die Karosserie muß vorher mit feinem Naßschleifpapier aufgerauht werden, damit der Lack besser haftet.

Wie man lackiert, brauche ich hier wohl nicht weiter zu erklären. Daß Karosserien aus ABS oder anderem nicht durchsichtigem Kunststoff von außen lackiert werden müssen, wenn man die Lackierung später am Fahrzeug sehen soll, ist sicher jedem klar.

Bild: 2.3/1   Das Lackierzubehör: verschiedene Pinsel, Abklebeband, Farben zum Streichen und Sprühen, Farbspritzgeräte und Gasflasche. Vorn rechts Zierklebebänder, die in verschiedenen Farben unterschiedlich breit angeboten werden.

Bild: 2.3/2   Zur Verzierung und für die Kennzeichnung werden von den verschiedenen Firmen Abzieh- und Klebebilder angeboten.

Die glasklaren Karosserien aus Lexan lassen sich ebenso von außen wie von innen lackieren. Da der von außen auflackierte oder aufgespritzte Lack aber leicht abgekratzt oder überhaupt beschädigt werden kann, sollte man den Vorteil der durchsichtigen Karosserie wirklich nutzen und von innen lackieren.

Ein weiterer Vorteil dieser Lackiermethode ist die spiegelglatte Oberfläche, die vom Material selbst gebildet wird.

Verzierungen, wie Abzieh- oder Klebebilder und Zierstreifen, von denen im Fachhandel eine große Auswahl angeboten wird, werden anschließend von außen angebracht.

Die Bilder 2.3/1 und 2.3/2 zeigen einiges zum Bemalen und Verzieren notwendiges Zubehör wie Lack und Pinsel, Farbspritzgerät, Zierklebebänder und Abziehbilder oder Klebebilder, während die Bilder 2.3/3 – 2.3/5 einmal zeigen sollen, in welcher Reihenfolge die Lackierung und die Verzierungen vorgenommen werden sollen.

Einige Empfehlungen zur optischen Gestaltung der Modelle zeigen die Bilder 2.3/6 – 2.3/11, die drei verschiedene Fahrzeuge aus dem sehr variablen 1:12 RC-Car-Programm der Firma Carrera in Drauf- und Seitenansicht wiedergeben.

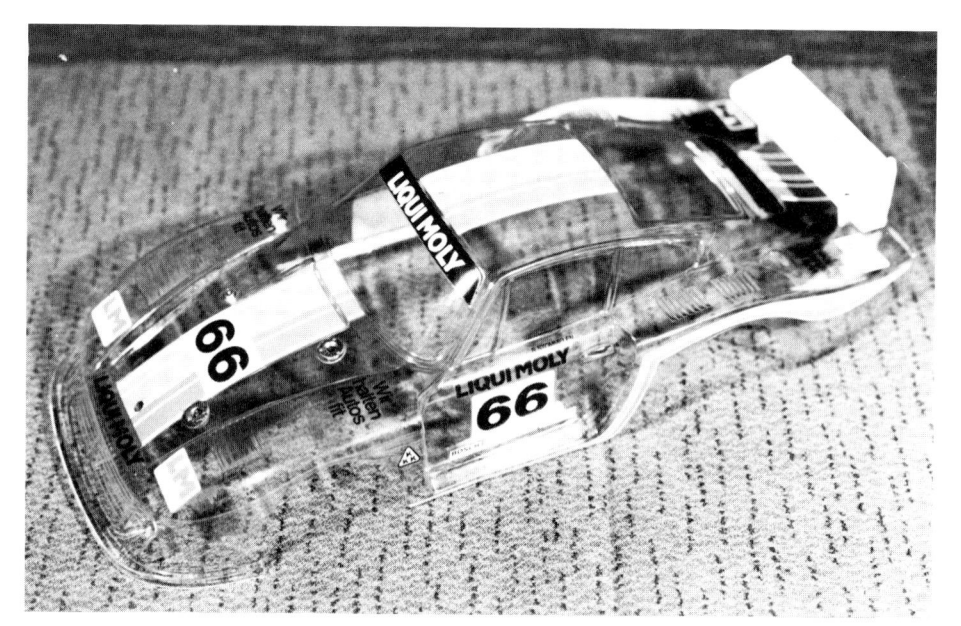

Bild: 2.3/3   Vor dem Lackieren werden die Abziehbilder und sonstige Verzeierungen angebracht.

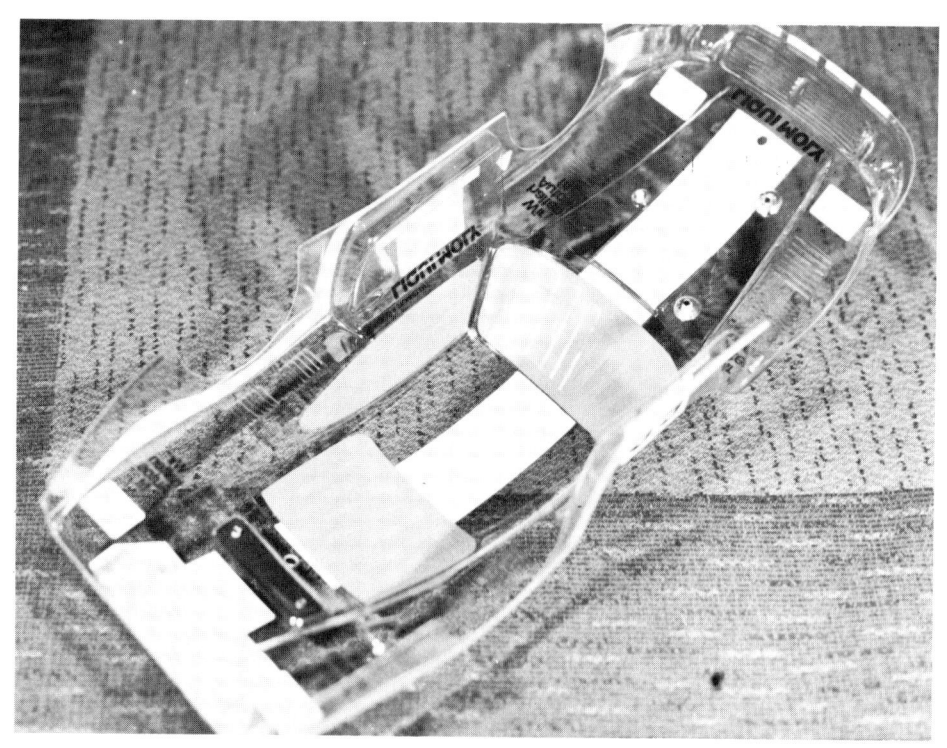

Bild: 2.3/4   Da die glasklare Karosserie von inne lackiert wird, müssen die Fenster, da sie durchsichtig bleiben sollen, vorher mit Klebestreifen zugeklebt werden.

Bild: 2.3/5   Die Karosserie ist fertig lackiert und die Fenster sind wieder frei.

Bild: 2.3/6

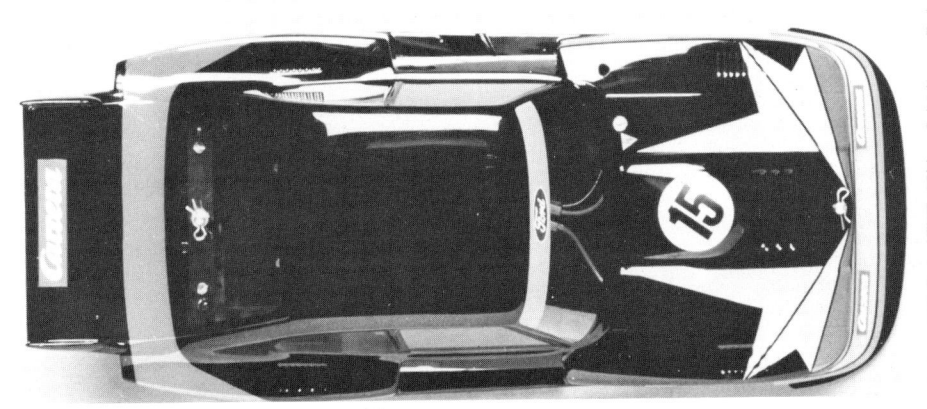

Bild: 2.3/7   Lackierungsvorschlag

Bild: 2.3/8

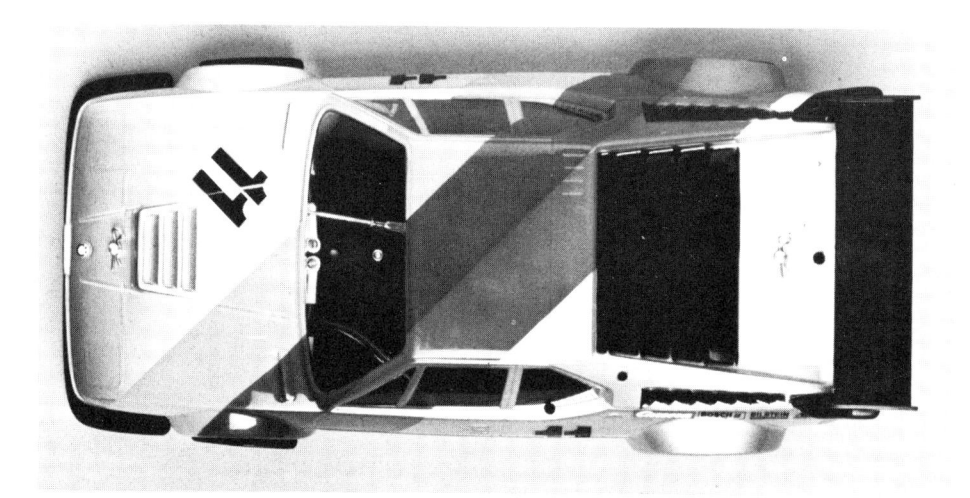

Bild: 2.3/9

Bild: 2.3/10

Bild: 2.3/11

3. Der Antrieb

Der Antrieb der RC-Cars erfolgt von Elektro- oder Verbrennungsmotoren, die durch ihre unterschiedlichen Größen oder Hubräume und dadurch, daß sie durch ihre hohe Belastbarkeit sehr hohen Spannungen ausgesetzt werden können oder im Falle des Verbrennungsmotors mit hochprozentigen Treibstoffen laufen, auch sehr unterschiedliche Leistungen bringen. Praktisch kann man soweit gehen, daß der Motor, gleichgültig, ob es sich um einen Elektro- oder Verbrennungsmotor handelt, so hoch belastet wird, daß er nur ein Rennen durchhält und anschließend das Zeitliche segnet, wenn man die dabei anfallenden Kosten, die besonders beim Hochleistungsverbrennungsmotor sehr hoch liegen können, nicht scheut. Der Weg zum Lorbeer geht meistens über Dornen.

3.1. Der Elektromotorantrieb

RC-Cars mit Elektroantrieb werden von einem E-Motor, der die Hinterachse – oder neuerdings auch z.T. die Vorderachse – über eine Getriebeuntersetzung antreibt und von einer entsprechend geeigneten Stromquelle versorgt wird, angetrieben. Da es sich bei unseren ferngelenkten Automodellen nicht mehr um Kinderspielzeuge handelt, bei denen man sich freut, wenn sie überhaupt fahren, wird von den eingesetzten Elektromotoren einiges an Leistung verlangt. Dabei geht man nicht selten soweit, daß man den Motor mit einer Spannung betreibt, die weit über der vom Hersteller angegebenen Nennspannung liegt. Durchgebrannte Ankerwicklungen sind dann die Folge.

Bild: 3.1/1   Carrera-RC-Car mit Heckantrieb und Differenzial.

Um nur einigermaßen akzeptable Leistungen erreichen zu können, sind Elektromotoren erforderlich, die bei möglichst geringem Stromverbrauch Gewaltiges leisten. Bei Rennfahrzeugen muß der Motor sogar möglichst schon in der Anlaufstufe einen guten Wirkungsgrad haben, wenn es um den Wettbewerbseinsatz geht, da es dabei natürlich um Sekunden und Sekundenbruchteile geht.

Alle namhaften RC-Car-Fabrikate sind ohne Ausnahme mit Motoren der Firma Mabuchi (Japan) oder ähnlicher Fabrikate, die ebenfalls aus Asien kommen, ausgerüstet. Auch wenn die Motoren äußerlich gleich sind, können sie unter Umständen sehr unterschiedlich in der Leistung sein, auch wenn sie von derselben Firma kommen. Grund dafür kann eine unterschiedliche Ankerwicklung ebenso wie der Einsatz unterschied-

Bild: 3.1/2   RC-Car mit Frontantrieb und Differenzial.

Bild: 3.1/3   RC-Car mit zwei Motoren, die jeder ein Hinterrad antreiben.

licher Feldmagnete oder eine bessere Lagerung sein. Aus diesen Gründen ist es beim Kauf eines Fahrzeug-Bausatzes und beim Preisvergleich natürlich sehr wichtig, daß man weiß, welcher Motor bzw. welche Ausführung des Motortyps mitgeliefert wird.

Die Bilder 3.1/1 – 3.1/6 zeigen anhand des sehr variablen Carrera-RC-Car-Programms die verschiedenen Elektro-Antriebsmöglichkeiten, angefangen mit dem weitverbreiteten konventionellen Heckantrieb, über den in letzter Zeit zusätzlich ins Gespräch gekommene Frontantrieb. Anschließend folgt der Heckantrieb mit je einem E-Motor pro Hinterrad, bei dem ein Differential entfällt, da die beiden Motoren wie ein Differential wirken, und der Frontantrieb mit je einem Motor für jedes Vorderrad, wobei

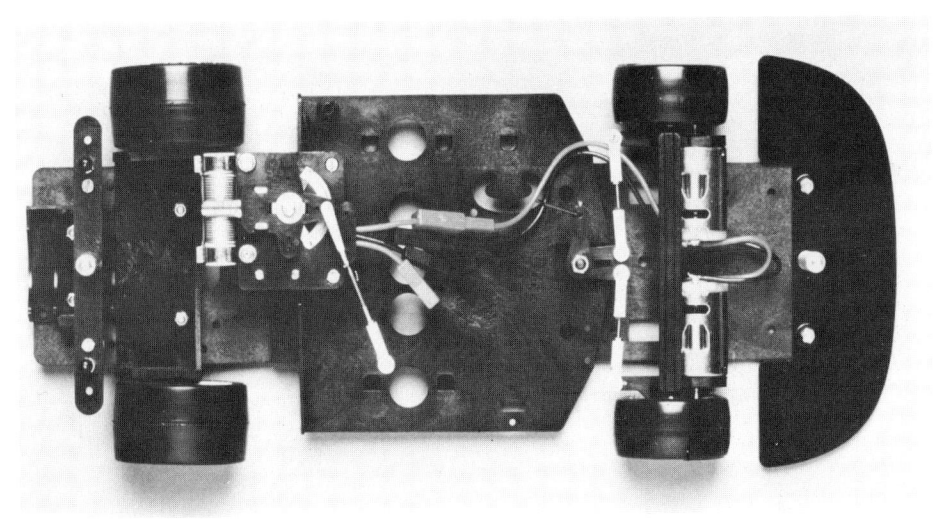

Bild: 3.1/4   RC-Car mit zwei Motoren, die jeder ein Vorderrad antreiben.

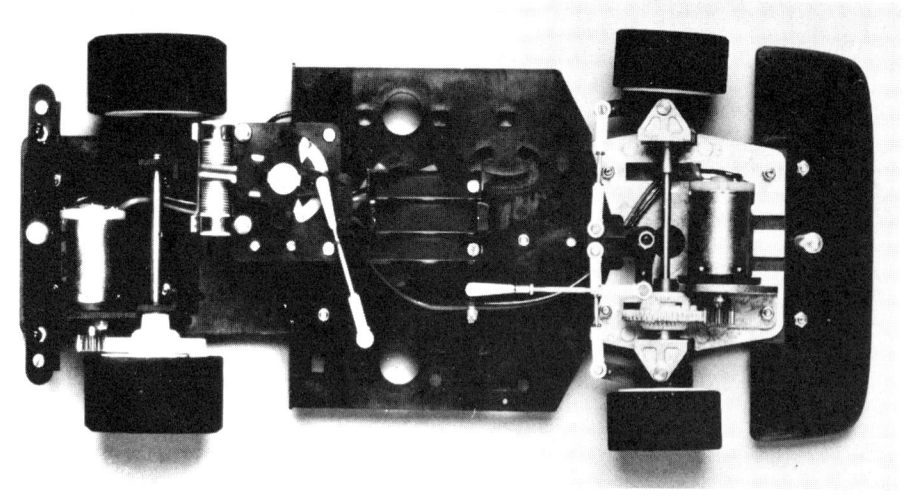

Bild: 3.1/5   RC-Car mit je einem Motor vorn und hinten.

dann ebenfalls das Differential entfällt. Die letzten beiden Bilder zeigen Allradantriebe mit je einem Motor oder sogar mit je zwei Motoren pro Achse.

Eine bessere Motorleistung, oder besser gesagt, eine Steigerung der vorhandenen Leistung läßt sich, sofern man nicht bereit ist, einen der am Markt angebotenen horrend teuren Spezial-Motoren zu kaufen, bei vielen Motoren dadurch erzielen, daß man das hintere Lagerschild des Motors vorsichtig löst – nicht abnimmt – und bei angeschlossenem Akku solange nach links oder rechts schwenkt, bis der Motor merkbar höher dreht. Anschließend muß das Lagerschild natürlich wieder sicher mit dem Motorgehäuse verbunden werden.

Bild: 3.1/6   RC-Car mit je zwei Motoren vorn und hinten.

3.1.1. Die Entstörung des Elektromotors

Der Entstörung des Elektromotors sollte man unbedingt ausreichende Aufmerksamkeit schenken, wenn man vor unliebsamen Überraschungen sicher sein möchte. Ungewollte "Ausbrecher" oder stotteriges Verhalten des Fernlenkautos während des Fahrbetriebes hat nicht selten nur die Ursache in einer ungenügenden oder nicht vorhandenen Entstörung des E-Motors.

Sofern es sich bei dem Fahrzeug nicht um eins der Fertigmodelle oder der angebotenen Bausatzmodelle handelt, deren Motore bereits vom Hersteller entstört sind, muß also der Motor entsprechend entstört werden.

Die in den Bildern 3.1.1/1 bis /3 gezeigte Methode der Entstörung hat sich bisher recht gut bewährt. Dabei wird ein Kondensator von 50nF als Brücke zwischen die beiden Motoranschlüsse gelötet, während je ein Kondensator von 100nF als Brücke von jeweils einem Motoranschluß zur Masse des Motorgehäuses angelötet wird. Besonders hartnäckige Störungen lassen sich, wenn die normalen Entstörkondensatoren nicht reichen, mit Hilfe eines der von Graupner und Simprop angebotenen Entstörfilter – die in die Zuleitung gelötet werden – unterdrücken.

Die Entstörung klappt natürlich nur dann, wenn der zu entstörende Motor fehlerfrei ist. Außerdem sollte man versuchen, die Antenne nicht am Motor vorbei, sondern auf direktem Wege aus dem Fahrzeug zu führen, da die Antenne sonst die Störungen direkt vom Motor aufnehmen könnte.

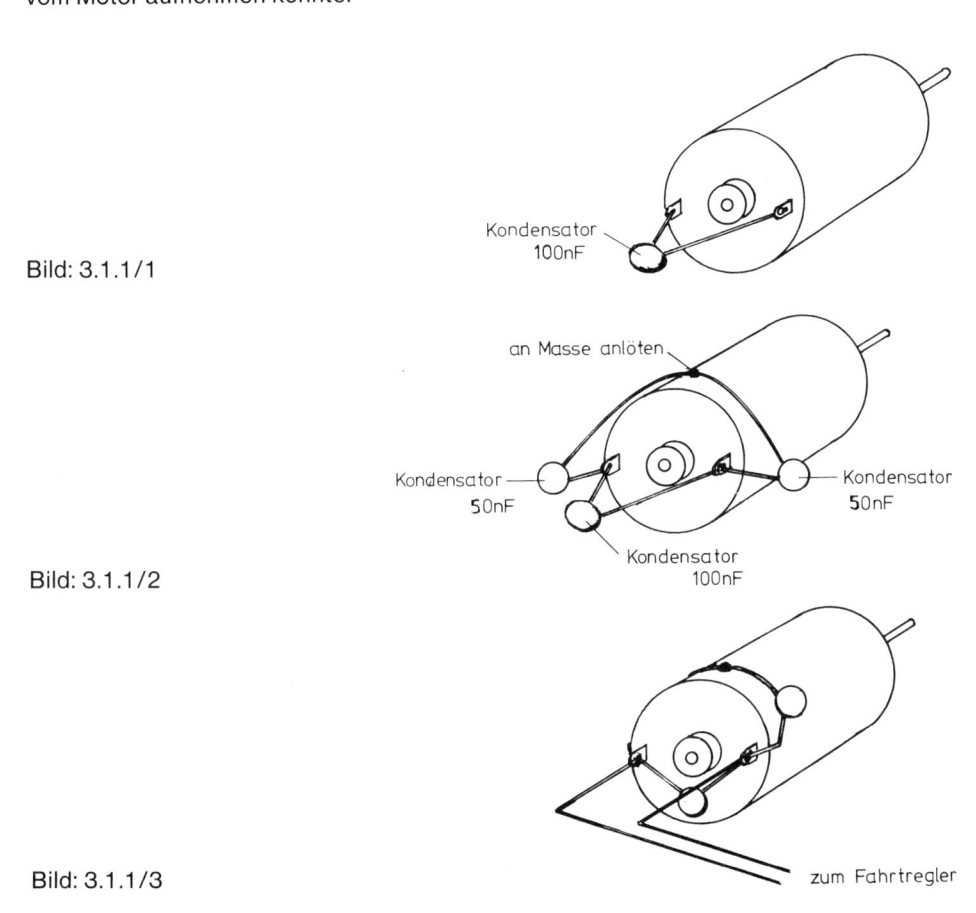

Bild: 3.1.1/1

Bild: 3.1.1/2

Bild: 3.1.1/3

3.2. Der Verbrennungsmotor-Antrieb

Für den Verbrennungsmotorantrieb der RC-Cars werden praktisch nur noch die sogenannten Glühkerzenmotoren – also Fremdzünder, die zum Start eine Batteriehilfe benötigen – eingesetzt.

Je nach Anspruch, Geldbeutel und Einsatzart kommen ganz normale Motoren, Speed-Motoren oder sogar frisierte Motoren zur Verwendung. Versierte RC-Car-Fahrer verbessern die Leistung ihrer Motoren dadurch, daß sie die Kanten der Strömungs- und Überströmungskanäle abrunden und damit den Strömungsverlauf des Luft-Gasgemisches verbessern.

Wenn man sich auf Wettbewerben oder Meisterschaften einmal danach umschaut, welche Motorfabrikate zum Einsatz kommen, wird man immer wieder die Motoren der Firmen HB, Webra, K&B, Veco, OPS, Super-Tigre, Enya und OS finden.

Die Bilder 3.2/1 bis 3.2/5 zeigen einige Motoren, verschiedene Schalldämpfer und einen Luftfilter.

Bild: 3.2/1 Drei bekannte 3,5 ccm RC-Car-Motoren, von links: OPS, HB21-Car und Hegi 20.

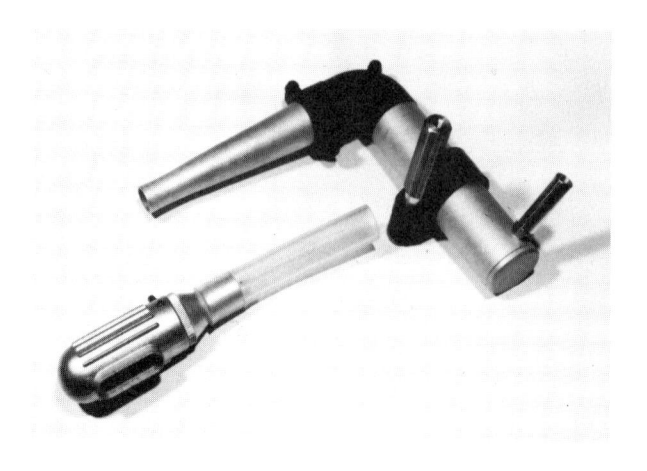

Bild: 3.2/2 Graupner-Resonanz-Schalldämpfer für RC-Cars.

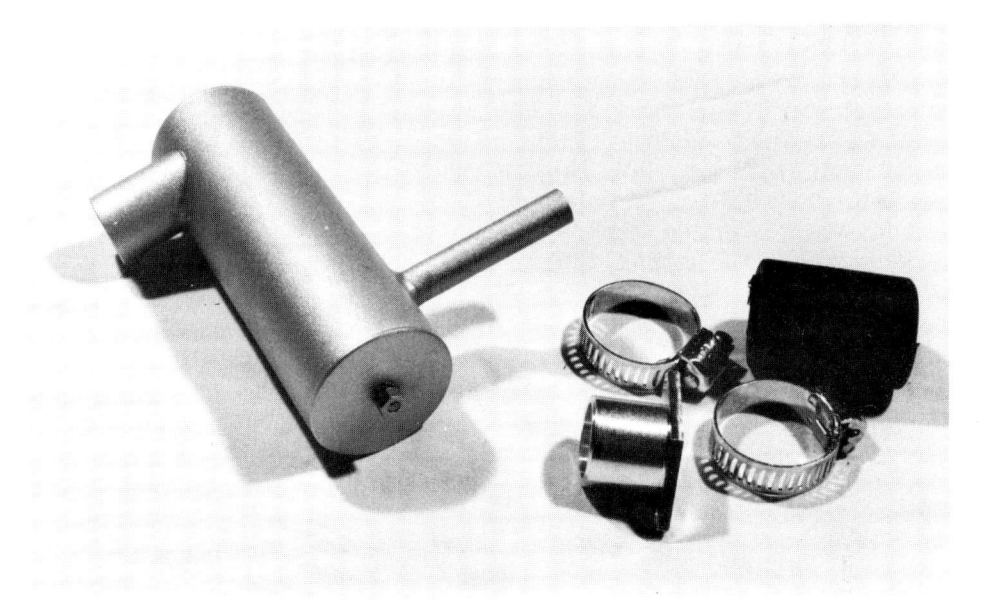

Bild: 3.2/3   OPS-Car-Schalldämpfer.

Bild 3.2./4
PB-RC-Car-Auspufftopf.

Bild: 3.2/5
HB-Luftfilter für RC-Car-Motoren.

3.3. Das Getriebe

Wenn man bedenkt, daß die einsetzbaren Motorgrößen bei Elektro- wie Verbrennungsmotoren allein schon von den Einbaumöglichkeiten und von der räumlichen wie gewichtlichen Zulademöglichkeit stark abhängig sind, kann man sich sicher leicht vorstellen, daß hohe PS- (oder KW-) Werte natürlich wichtig und von großem Vorteil sind, wenn es darum geht, ein Fahrzeug anzutreiben. Ohne eine entsprechende Getriebeuntersetzung wird der Wirkungsgrad des Antriebes aber kaum interessant sein, solange die an der Motorwelle gemessene Leistung nur über eine hohe Drehzahl erreicht wird.

Besonders im Wettbewerbseinsatz, wo z.B. der Verbrennungsmotor nicht mehr als 3,5 ccm Hubraum haben und der Elektroantrieb dadurch begrenzt ist, daß man nur Akkus mit max. 6 Zellen bis 1,2 Ah einsetzen darf, kommt es auf die für die jeweilige Fahrstrecke günstigste Getriebe-Untersetzung an.

Höchstgeschwindigkeiten lassen sich natürlich sehr gut auf einer geraden und ebenen Fahrstrecke erzielen, wenn man eine nicht zu große Untersetzung wählt. Ist die Strecke aber kurvenreich, dann wird eine größere Untersetzung von Vorteil sein, weil das Fahrzeug damit kraftvoll Kurven durchfährt, ohne dabei an Leistung zu verlieren und dadurch – wenn es auch auf der Geraden langsamer ist – interessante Durchschnittsgeschwindigkeiten erreicht. Da gute Rundenzeiten im Wettbewerb von entscheidender Bedeutung für den Erfolg sind, spielt die richtige Getriebe-Untersetzung natürlich eine wichtige Rolle.

Die geländefähigen Buggys oder Jeeps benötigen im Gegensatz zu den Rennfahrzeugen, die auf ebener Piste zum Einsatz kommen, starke Untersetzungen, um unebenes Gelände und besonders auch Steigungen überwinden zu können.

Während das Antriebsritzel beim V-Motor-Fahrzeug Bestandteil der Kupplungsglocke ist, sitzt es beim Elektro-Fahrzeug stets direkt auf der Achse des Elektromotors.

Bild: 3.3/1
PB-Hinterradfelge mit verschiedenen Zahnkränzen.

3.3.1. Das Differential

Das Differential (oder Ausgleichsgetriebe) ist das beim Original in der Hinterachse (bzw. in der Antriebsachse, denn auch die Vorderachse kann Antriebsachse sein) sitzende Getriebe, das bei Kurvenfahrten den Drehzahlunterschied der beiden Antriebsräder – die in der Kurve, vom Mittelpunkt des Kreisdurchmessers aus gesehen, zwei verschiedene Kreisradien beschreiben – ausgleichen soll. Ohne dieses Getriebe wäre ein Auto auf normaler Straße bei gute Bodenhaftung der Räder nur schwer in die Kurve zu bringen. Das kurveninnere Antriebsrad würde stark radieren.

Kommt ein mit einem Differential ausgerüstetes Fahrzeug aber einmal auf Schnee, Schlamm oder losem Sand in die Situation, in der eines der Antriebsräder durchdreht, ohne einen Vortrieb zu erreichen, dann ist das Differential nachteilig, weil dann das zweite Antriebsrad auch nicht zieht. Jeder Autofahrer kennt diese Situation, in der man dann versucht, mit Hilfe von Fußmatten, Reisig, Brettern oder Steinen wieder herauszukommen.

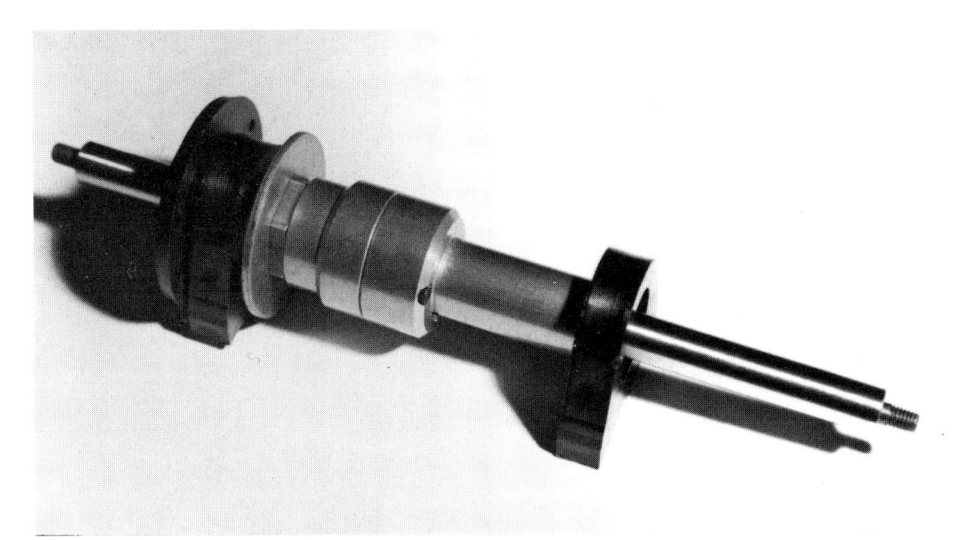

Bild: 3.3.1/1a Beispiel eines Differentials für RC-Cars mit V-Motor, Fabrikat PB.
Das fertigmontierte und mit den Achslagern und Lagerböcken ausgerüstete Differential.

Geländefahrzeuge sind, da sie nicht selten in solche Situationen kommen, mit Allradantrieben und Sperrdifferentialen, die aus der normalen Antriebsachse mit Differential eine Starrachse machen, ausgerüstet.

Im RC-Rennwagen – die es nicht erst seit gestern gibt, sondern schon seit Jahren – setzt man erst seit kurzer Zeit Differentiale ein. Wie weit die RC-Cars überhaupt ein Differential benötigen, ist bisher noch nicht endgültig geklärt.

Den Ausgleich des Drehzahlunterschiedes der beiden Antriebsräder in der Kurve kann man bei Fahrzeugen mit Verbrennungsmotor wie beim Original mechanisch über ein entsprechendes Differentialgetriebe erreichen, während bei Elektro-Fahrzeugen ebenfalls mechanische oder aber auch elektrische Differentiale eingesetzt werden können, sofern überhaupt Wert auf den Ausgleich gelegt wird.

Bild: 3.3.1/1b   Das Differential allein.

Die Bilder 3.3.1/1 bis 3.3.1/4 zeigen Differentialgetriebe, wie sie in den RC-Cars mit V-Motor bzw. mit E-Motor eingesetzt werden, während die Bilder 3.3.1/5 und 3.3.1/6 die sogenannten elektrischen Differentiale zeigen, bei denen zwei in Reihe geschaltete E-Motoren gleichen Typs die einzeln aufgehängten Antriebsräder über Zahnräder (das Sidewinder-Prinzip) oder Zahnriemen antreiben.

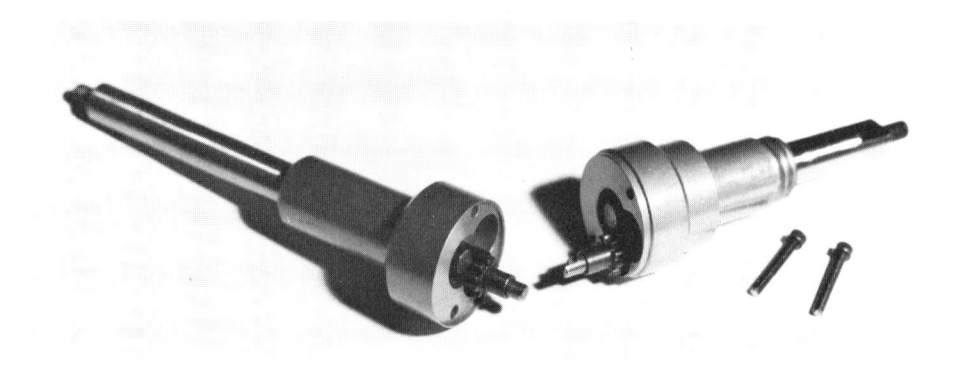

Bild: 3.3.1/1c   Hier wurde das Differential auseinandergeschraubt.

Bild: 3.3.1/1d   Das total zerlegte Differential.

Bild: 3.3.1/1e   Das PB-Differential ins Fahrzeug eingebaut.

Bild: 3.3.1/2   Differential-Getriebe aus dem Graupner-Expert-Speed-Car 1980.

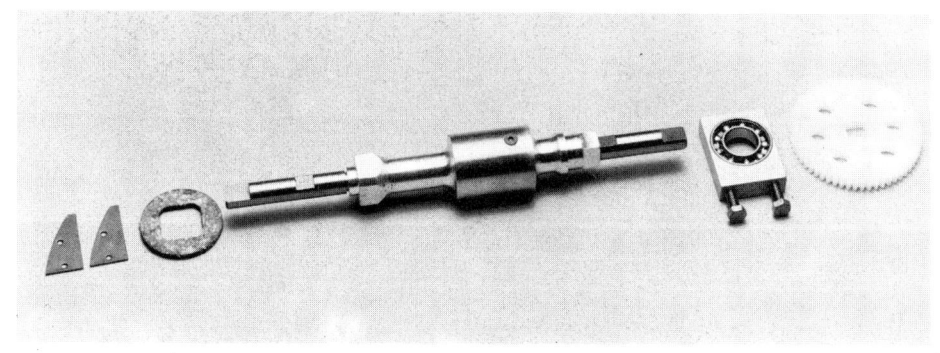

Bild: 3.3.1/3   Robbe-Differential für Futura-Fahrzeuge mit Bremsscheibe, Bremsbacken, Lagerbock und Zahnrad.

Bild: 3.3.1/4
Das zerlegte Differential eines Elektro-Cars.

Bild: 3.3.1/5

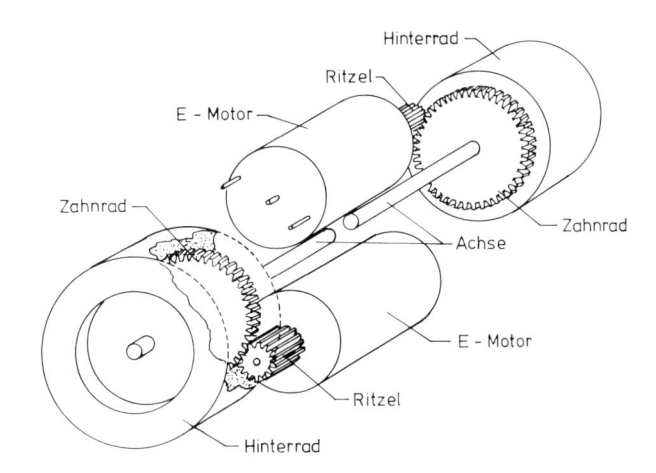

Bild: 3.3.1/6

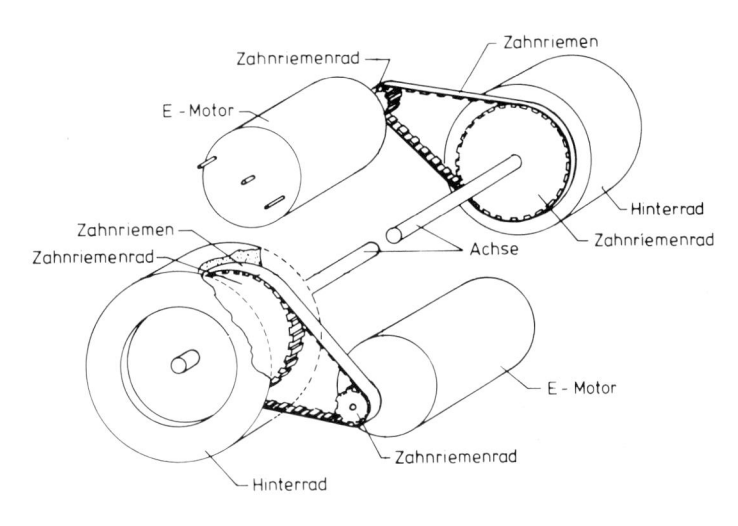

Bild: 3.3/2

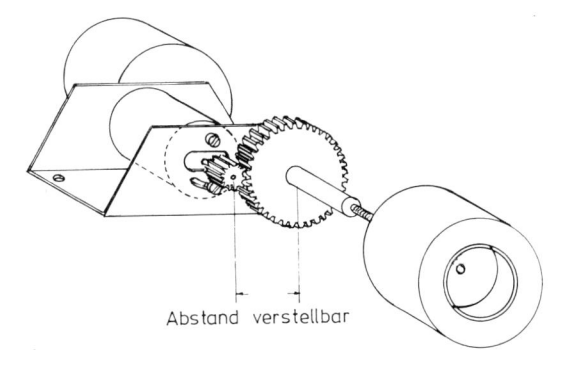

Um die Getriebeuntersetzung ändern zu können, ist es natürlich erforderlich, daß man die Ritzel bzw. Zahnräder möglichst leicht ein- und ausbauen kann. Weiterhin ist es selbstverständlich wichtig, daß die Getriebeveränderung des Achsabstand von der Ritzelachse zur Zahnradachse beim Austauschen der Zahnräder nicht verändert wird, oder daß man, wenn eine Veränderung des Achsabstandes unumgänglich ist, den Motor mit wenigen Handgriffen leicht in seiner Halterung versetzen kann (Bild 3.3/2).

Das große Zahnrad wird entweder direkt auf der Hinterachse befestigt oder, wie z.B. bei den Fahrzeugen von PB, mit 3 Schrauben an eine Hinterradfelge geschraubt.

Die verschiedenen Ritzel/Zahnrad-Kombinationen, die aus den angebotenen Zahnrädern und Ritzeln möglich sind, ermöglichen Untersetzungen von 1:6 bis 1:3 bei elektrisch getriebenen und 1:6 bis 1:4 bei mit V-Motor getriebenen Modellen.

Die Ritzel sind bei E-Cars aus Messing oder Stahl und bei V-Cars grundsätzlich nur aus Stahl, während die großen Zahnräder allgemein aus hochbelastbarem Kunststoff sind.

Die Ausnahme bei den Untersetzungen bildet die z.B. von Thorp USA eingesetzte Zahnriemen-Untersetzung, die sehr verschleißfest aber nicht so variabel ist wie Zahnräder.

3.4. Die Kühlung

Die Motorkühlung gehört beim RC-Car mit Verbrennungsmotor zu den wichtigsten Einrichtungen überhaupt. Was hilft das tollste Fahrzeug, wenn der Motor mangels Kühlung zu heiß wird und sich dadurch der Kolben festfrißt.

Da beim Automodell im Gegensatz zum Flugmodell die Luftschraube fehlt, die gleichsam automatisch für die Kühlung sorgt, und ebenfalls im Gegensatz zum Rennboot-Modell, bei dem der Motor mit Wasser gekühlt wird, nur der durch die Karosserie ziehende Fahrtwind für die Kühlung genutzt werden kann, muß man dafür sorgen, daß die Motorwärme auf eine möglichst große Angriffsfläche für den Fahrtwind übertragen wird. Nur dadurch wird gewährleistet, daß der Fahrtwind ausreichend viel Wärme vom Motor abführt.

Weil uns die Motorgehäuseoberfläche also nicht ausreicht, ist eine vernünftige Kühlung nur mit großflächigen Hilfsmitteln zu bewerkstelligen. Dabei ist es eigentlich gleichgültig, wie diese aussehen. Sie müssen aber möglichst platzsparend sein und guten Kontakt zum Motorgehäuse haben. Dem zur einwandfreien thermischen Übertragung erforderlichen metallischen Kontakt muß besondere Aufmerksamkeit gewidmet werden, will man nicht eine böse Enttäuschung erleben.

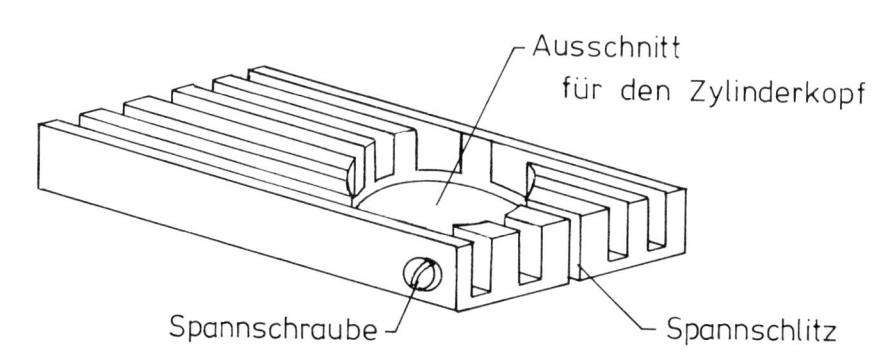

Bild: 3.4/1

Während wir früher die Motoren mit aus Alublechen zusammengesetzten Kühlkörpern, die natürlich selbstgebastelt werden mußten, versehen haben, mit denen die Motoren mehr schlecht als recht gekühlt wurden, wurden mit zunehmender Aktivität der RC-Car-Fans auch schon einige serienmäßige – meist universell verwendbare – Kühlkörper im Handel angeboten, die mit Hilfe einer Spannschraube am Zylinderkopf befestigt werden mußten (Bild 3.4/1). Bei diesen Kühlkörpern wird das Bestreben deutlich, große Kühlflächen auf möglichst kleinem Raum zu erreichen.

Bild: 3.4/2

Erst in letzter Zeit haben sich einige Hersteller mehr Gedanken um die Kühlung der in der Leistung immer stärker werdenden RC-Car-Motoren gemacht und als Ergebnis Extrem-Kühlköpfe entwickelt, die statt des normalen Zylinderkopfes direkt auf den Zylinder geschraubt werden und damit den bestmöglichen Kontakt zum Motorgehäuse haben (Bild 3.4/2), der dann wiederum eine optimale Wäremeabgabe an die große Kühlfläche des Kühlkopfes ermöglicht.

3.5. Die Versorgung des Motors

Die Energie, weltweit seit geraumer Zeit das Thema No. 1, spielt natürlich auch im Modellbau, wenn auch nur im ganz kleinen Umfang, eine wichtige Rolle. Was hilft uns der schönste und stärkste Antriebsmotor, wenn der erforderliche Treibstoff oder die entsprechende Stromquelle fehlt.

Im Gegensatz zu der weltweiten Energiemisere (die man uns vielleicht auch nur vorgaukelt, um die Preise kräftig anheben zu können) besteht in der Versorgung unserer Motoren gottseidank kein Engpaß. Die Qualität der Treibstoffe und der Batterien hat sich bei sinkenden (!) Preisen sogar merklich verbessert. Nur dadurch wurde es überhaupt möglich, höhere Leistungen zu erzielen.

3.5.1. Stromquellen

Für die Versorgung der Elektrofahrzeuge mit Stromquellen wurden anfangs und werden teilweise auch heute noch Trockenbatterien (Baby- oder Mignonzellen) empfohlen, oder man empfiehlt die wahlweise Verwendung von Trockenbatterien oder Nickel-Cadmium-Akkus. Da alle modernen RC-Fahrzeuge auf Leistung getrimmt sind und mit relativ starken Motoren ausgerüstet werden, die im Stromverbrauch nicht gerade zimperlich sind, hat es sich aber längst erwiesen, daß allein die Nickel-Cadmium- (NC-) Akkus, und zwar speziell die Zellen mit Sinterelektroden, rentabel sind und eine ausreichend hohe Fahrleistung garantieren. Trockenbatterien sind nicht nur in sehr kurzer Zeit verbraucht und somit zu teuer, sie bringen außerdem auch keine ausreichende Geschwindigkeit. Die Ausnahme bilden die sogenannten Alkali-Mangan-Batterien, die unter den Bezeichnung Duracell oder Ucar-Professional bekannt sind und gewaltige Leistungen bringen können, aber durch ihren noch höheren Preis wieder uninteressant werden.

NC-Akkus mit Sinterelektroden sind besonders deswegen interessant, weil sie kurzzeitig sehr hoch belastbar sind und im Schnelladeverfahren geladen werden können.

Um Unklarheiten von vornherein auszuschalten, möchte ich hier gleich darauf hinweisen, daß diese gesinterten NC-Akkus natürlich auch normal geladen werden können.

Das Angebot an schnelladefähigen NC-Akkus ist sehr groß und reicht von Einzelzellen, die die Form von Mignon-, Baby- oder Monozellen haben und in die normalen Batteriehalter passen (Bild 3.5.1/1), bis zu fertigverschweißten Akkusätzen von 4, 5,

Bild: 3.5.1/1 Dieses Bild zeigt links hinten die drei Trockenbatteriegrößen und rechts hinten die gleichgroßen NC-Akkus mit Sinterelektroden. Im Vordergrund sind 4 NC-Akkus der Babyzellengröße in einem Batteriehalter.

6, 7 oder 8 Zellen verschiedener Fabrikate (Bild 3.5.1/2). All diese Akkus sind, ganz gleich von welcher Firma sie auch kommen mögen, gasdicht verschlossen, völlig wartungsfrei (wenn man vom Laden einmal absieht) und lageunempfindlich sowie fast unbegrenzt lagerfähig. Dabei ist ihr Ladezustand unwichtig, wenn sie nicht gerade tiefentladen sind.

Bedingt durch ihre "pflegeleichte" Einsatzmöglichkeit werden diese Akkus immer mehr, auch in Kameras, in Blitzlichtgeräten, Rasierapparaten und elektrischen Zahnbürsten usw. eingesetzt. Auch da hat man natürlich erkannt, wieviel rentabler sie im Vergleich zu Trockenbatterien sind. Dabei schneiden auch die relativ teuren Alkali-Mangan-Batterien schlecht ab.

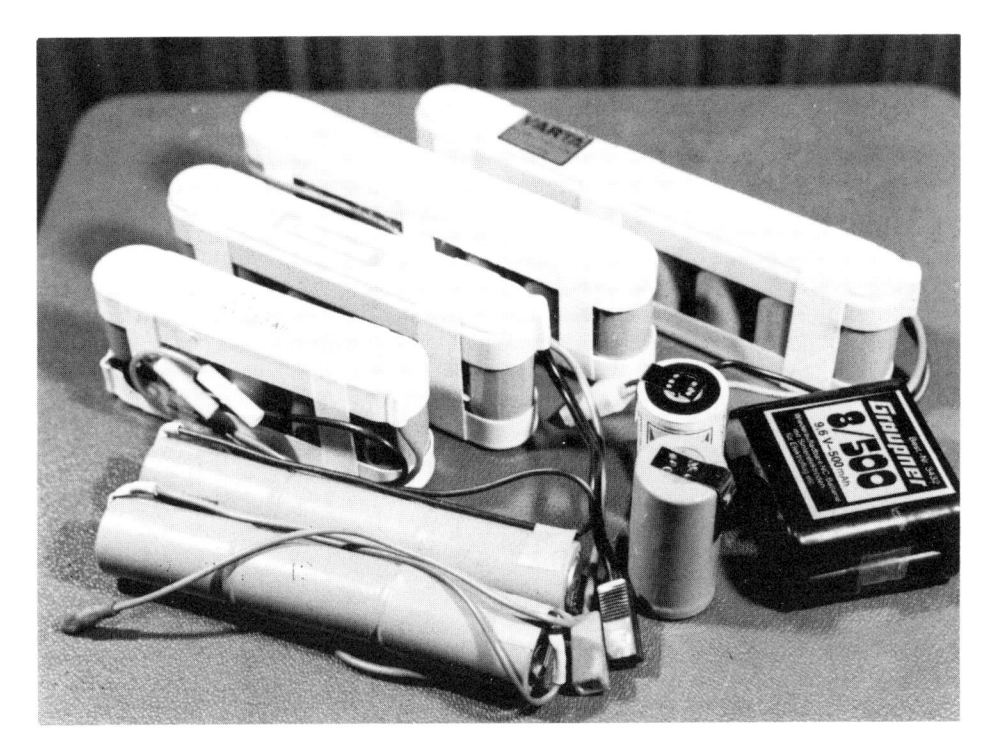

Bild: 3.5.1/2   Gesinterte NC-Akkus, wie man sie für die verschiedenen Verwendungszwecke zu 4-5-6-7 oder auch 8 Zellen fertig zusammengeschweißt bekommen kann.

3.5.2. Die Lademöglichkeiten

Die besten und leistungsfähigsten Akkus sind, auch wenn sie noch so schnell geladen werden können, uninteressant, wenn man keine entsprechende Lademöglichkeit hat. Gerade beim Automodell, bei dem zum Erreichen der gewünschten Geschwindigkeiten starke hochbelastbare Elektromotoren nicht selten mit Überspannung zu gewaltigen Leistungen gebracht werden, kommt es natürlich darauf an, daß man die Akkus möglichst sofort wieder einsatzbereit hat.

So wie die RC-Automodelle ohne die schnelladefähigen Sinterzellen-Akkus uninteressant wären, hätten die Sinterzellen ohne Schnellladegerät oder Schnellladekabel keine Chancen im Modellbau, da die normalen Ladezeiten von ca. 10-14 Std. bei einer Fahrzeit von etwa 10-20 Minuten pro Ladung einfach zu lang sind.

Die Firmen Varta, Saft, General-Electric und einige japanische Firmen bieten die NC-Akkus mit Sinterelektroden an. Auf dem bundesdeutschen Markt haben sich die Akkus der Firma Varta in letzter Zeit besonders gut durchsetzen können. Ob in Elektro-Flugmodellen, Elektro-Rennbooten oder eben in den RC-Cars mit Elektromotor, überall werden sie immer stärker eingesetzt.

Aus diesem Grunde halte ich mich im folgenden Text in erster Linie an die Richtlinien, die für die Varta-Akkus gelten. Akkus anderer Fabrikate können, sofern sie die gleichen Werte haben, ohne weiteres unter gleichen Bedingungen geladen werden.

Sinterzellen sind für die Schnelladung mit dem dreifachen Nennladestrom (3 x I_{10} = das 3fache des 14stündigen Ladestromes) bei einer Ladezeit von ca. 4 Stunden geeignet. Diese Schnelladung ist in jedem Ladezustand zulässig. Ladezeit-Überschreitungen bis zu 12 Stunden bleiben, wenn sie nicht dauernd passieren, ohne negative Folgen für die Zellen.

Da die vom Hersteller zum Satz zusammengeschweißten oder auch selbst zusammengelöteten Zellen nicht unbedingt alle im gleichen Ladezustand sind, sollten sie vor der ersten Ladung möglichst formiert, also in der Spannung gleichgestellt, werden. Es ist daher sicher von Vorteil, wenn man den neu gekauften Akkusatz nicht einfach ans Ladegrät hängt und auflädt, sondern erst einmal vollkommen entlädt, also durch Entladen auf seine vorgesehene Entladeschlußspannung bringt. Dies kann mit Hilfe eines E-Motors oder eines anderen Verbrauchers geschehen (Bild 3.5.2/1). Danach kann der komplette Satz aufgeladen werden.

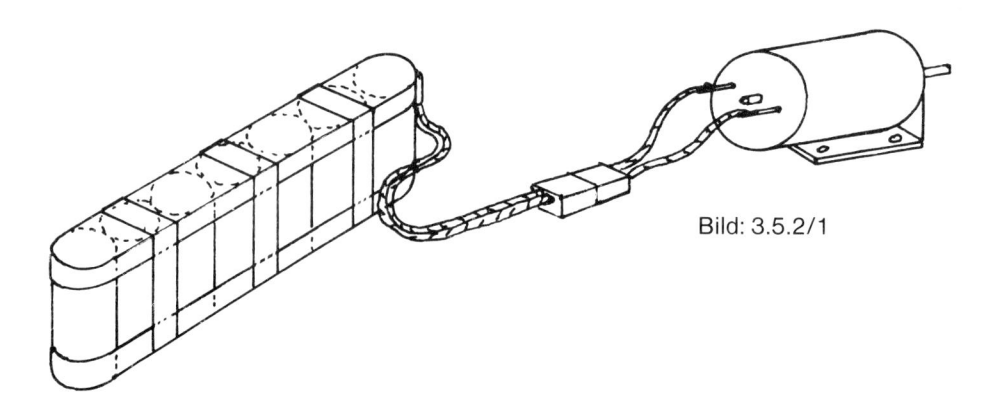

Bild: 3.5.2/1

Vor der ersten Schnelladung sollte der Akku mindestens einmal, möglichst aber mehrere Male, normal mit 1/10 des Nennstromes geladen werden. Auch sollten diese Akkus jeweils nach einigen Schnelladungen normal geladen werden. Ein so behandelter Akku wird es sicher mit einer langen Lebensdauer danken.

Als Lademöglichkeiten bieten sich also grundsätzlich die Normalladung, bei der der Akku mit 1/10 seiner Nennkapazität etwa 14 Std. lang geladen werden muß, um ihn voll zu bekommen, und die Schnelladung (die aber nur für NC-Akkus mit Sinterelektroden geeignet ist), bei der die Akkus in etwa 30 Minuten vollgeladen werden, an.

Für die Normalladung eignen sich die verschiedenen Vielfachladegeräte, die die Modellbaufirmen anbieten. Diese Geräte, von denen ich einige in dem Bild 3.5.2/2 vorstelle, sind alle netzabhängig, benötigen also den Strom aus der Steckdose.

Bild: 3.5.2/2   Normallader: v. 1. Titan 333, Ladeanschlüsse: 1x22, 2x50, 2x100 und 1x500mA. Multiplex-Combilader, Ladeanschlüsse: 1x22, 2x50, 2x100, 1x500mA. Titan 222: Ladeanschlüsse: 1x22, 2x50, 2x100, und umschaltbar 250/500/750mA mit Schaltuhr.

Die in übliche Batteriehalter wie normale Batterien einsetzbaren NC-Zellen mit Sinterelektroden sind erstaunlich hoch belastbar und in extrem kurzer Zeit wiederaufladbar.

Folgende Tabelle* zeigt die wichtigsten Daten der drei Grundtypen von Daimon, die sicher auf andere Fabrikate ebenfalls zutreffen dürften.

Typ	NC 50	NC 200	NC 400
Trockenbatterieformat	Mignonzelle	Babyzelle	Monozelle
Durchmesser	14 mm	26 mm	33,5 mm
Höhe	50 mm	48,5 mm	60,5 mm
Gewicht	27 g	78 g	170 g
Nennspannung	1,2 V	1,2 V	1,2 V
Nennkapazität	0,5 Ah	2 Ah	4 Ah
zuläss. Dauerstrom	2 A	10 A	35 A
zuläss. Kurzzeitstrom	10 A	25 A	85 A
12-Std.-Normalladung	65 mA	250 mA	500 mA
30-min.-Schnelladung	1 A	4 A	8 A
12-min.-Schnelladung	2 A	8 A	16 A
5-min.-Schnelladung	4 A	16 A	32 A

*dem Krick-Katalog entnommen

Die in der Tabelle angegebenen Schnelladezeiten sind selbstverständlich Höchstwerte, deren Festlegung unter der Annahme erfolgte, daß die Ladeströme um nicht mehr als 5 % von den angegebenen Werten abweichen.

Für die Schnelladung bietet sich als einfache und natürlich kostensparende Möglichkeit, das Schnellade- oder Widerstandskabel an. Wenn man bei Nutzung dieser Lademöglichkeiten die Spielregeln genau einhält, hat man keine Schwierigkeiten zu erwarten.

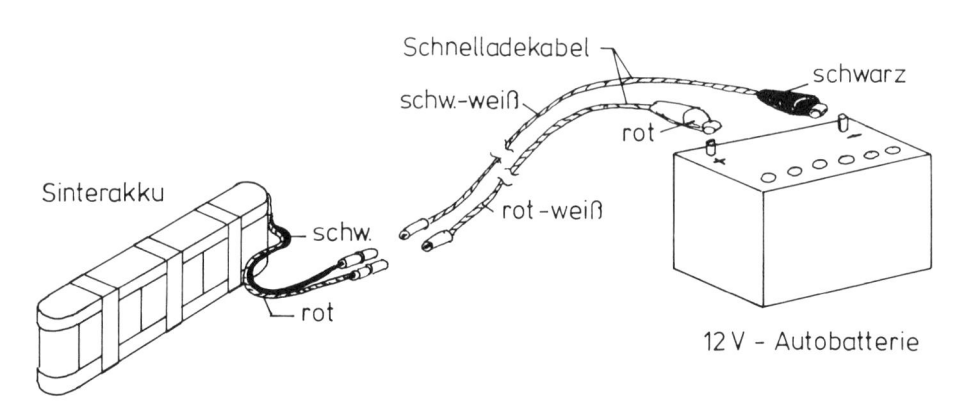

Bild: 3.5.2/3

Mit dem Einhalten der Spielregeln meine ich, daß man den zu ladenden Sinterakku, wenn der Ladezustand unbekannt ist, erst abkühlen lassen muß, da während des Ladevorganges mit dem Widerstandskabel nur die erreichte Temperatur des Akkus eine gewisse Kontrollmöglichkeit bietet. Der Akku ist vollgeladen, wenn er handwarm wird und muß sofort vom Ladekabel getrennt werden.

Bild: 3.5.2/4   Schnellade- und Widerstandskabel.

Mit dem Schnelladekabel ist das direkte Laden von NC-Zellen mit Sinterelektroden aus einer 12V-Autobatterie bei stehendem Motor möglich (Bild 3.5.2/3). Da die im Modellbau verwendeten Akkusätze in den verschiedenen Einsatzbereichen mit unterschiedlich vielen Zellen (also mit unterschiedlicher Spannung) und mit unterschiedlicher Kapazität eingesetzt werden und da die günstigste Ladezeit, vorausgesetzt der Akku ist entladen, 30 Minuten beträgt, bietet die Firma Graupner unter der Bestell-Nr. 3702 (Bild 3.5.2/4) ein universelles Widerstandkabel an, das man in der Länge zur Erreichung des für den zu ladenden Akku erforderlichen Widerstand zurechtschneiden muß, an. Dazu gibt es folgende Tabelle:

Längentabelle für die Widerstandslitze Graupner Nr. 3702

Akkutype	Zeilenzahl	freie Kabellänge für 30 Min. Ladezeit	
Varta RSH 0,75 Ah *	5	159 cm	
	6	113 cm	im RC-Car-Betrieb
	7	66 cm	unüblich
Varta RSH 1 AH *	4	154 cm	
	5	119 cm	im RC-Car-Betrieb
	6	84 cm	unüblich
	7 **	50 cm	
Varta RSH 1,2 Ah *	4	128 cm	
	5	99 cm	im RC-Car-Betrieb
	6	70 cm	unüblich
	7 **	42 cm	
Varta RSH 1,8 Ah *	4	85 cm	
	5	66 cm	im RC-Car-Betrieb
	6	47 cm	unüblich
	7 **	28 cm	

* = natürlich gelten diese Angaben auch für andere Zellen, wenn sie die gleichen Werte wie die RSH-Zellen von Varta haben.

** = laut DMC (Deutscher Minicar-Club)-Reglement sind mehr als 6 Zellen im Wettbewerb nicht zulässig.

Mit Hilfe einer Schaltuhr (Bild 3.5.2/5), die zur Ladezeitbegrenzung zwischen Schnelladekabel und 12V-Autobatterie geschaltet wird, läßt sich ein Überladen des Akkus vermeiden, wenn die Zellen auf unter 1 Volt entladen sind. Die Schaltzeit der Uhr läßt sich stufenlos von 0 bis 30 Minuten einstellen. An diese Schaltuhr können gleichzeitig bis zu 2 Akkus (Bild 3.5.2/6) vom gleichen Typ angeschlossen werden. Die Abschaltung erfolgt bei beiden Akkus gleichzeitig.

Ebenso wie eine Schaltuhr zur Ladezeitbegrenzung einsetzbar, aber sicherer, ist die Ladeabschaltautomatik Nr. 3737 (Bild 3.5.2/7) mit indirekter thermischer Batterieüberwachung, die ebenfalls von der Fa. Graupner kommt. Diese Autotmatik bietet optimale Sicherheit beim Ladevorgang gegen Überhitzung und Überladung der NC-Schnelladebatterien. Ein weiterer Vorteil ist der Zeitgewinn, der durch den Wegfall der Vorentladung erreicht wird.

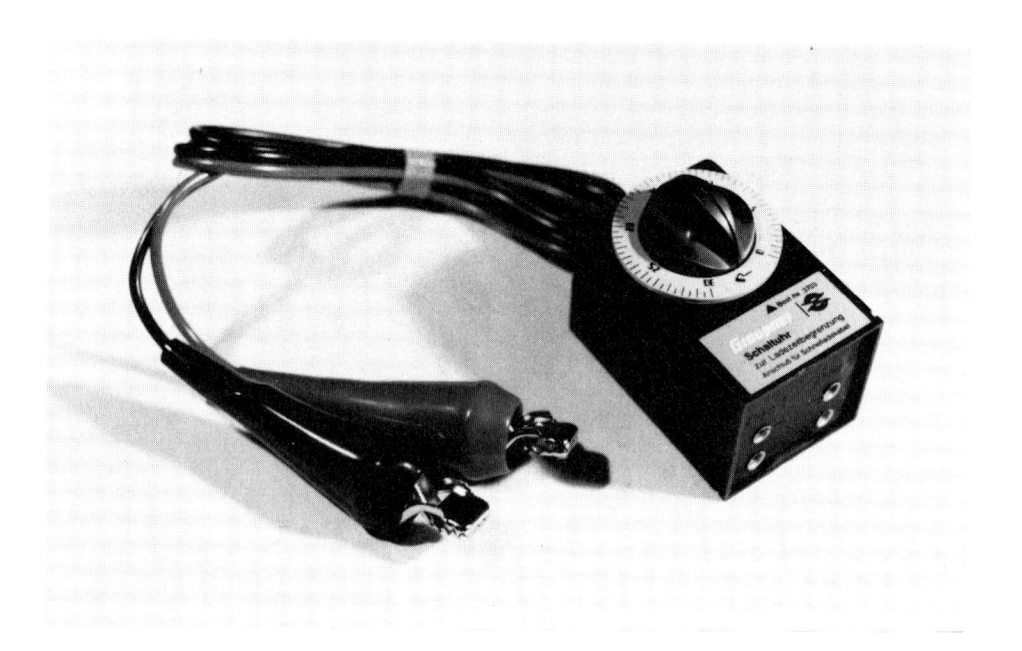

Bild: 3.5.2/5   Die Graupner-Schaltuhr.

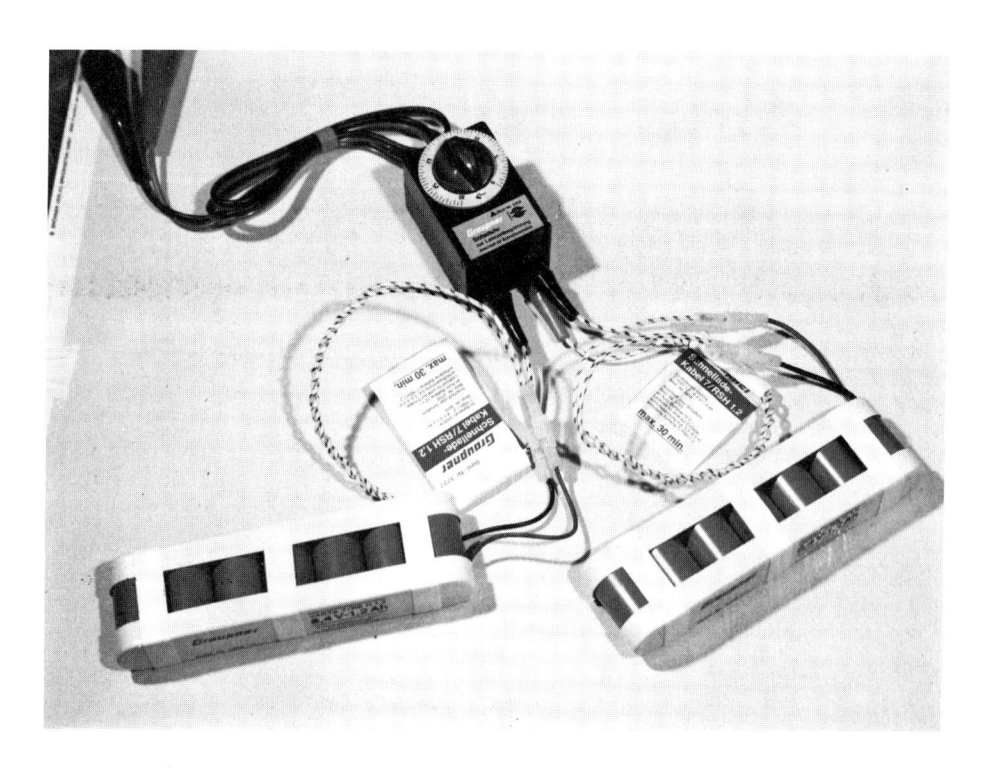

Bild: 3.5.2/6   Schaltuhr mit zwei Widerstandskabeln und 2 Akkus.

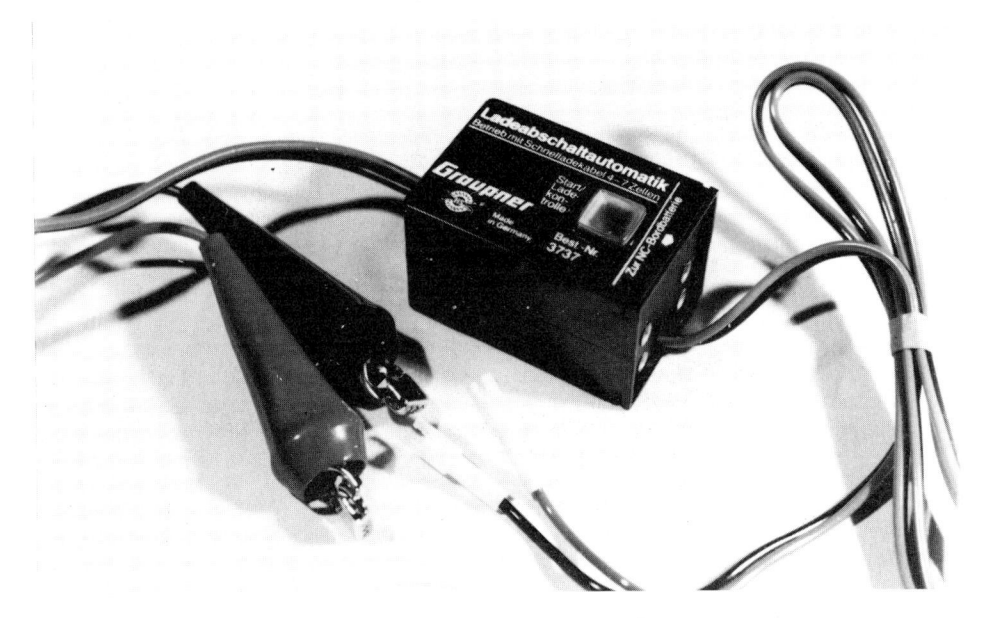

Bild: 3.5.2/7   Die Ladeschaltautomatik von der Firma Graupner.

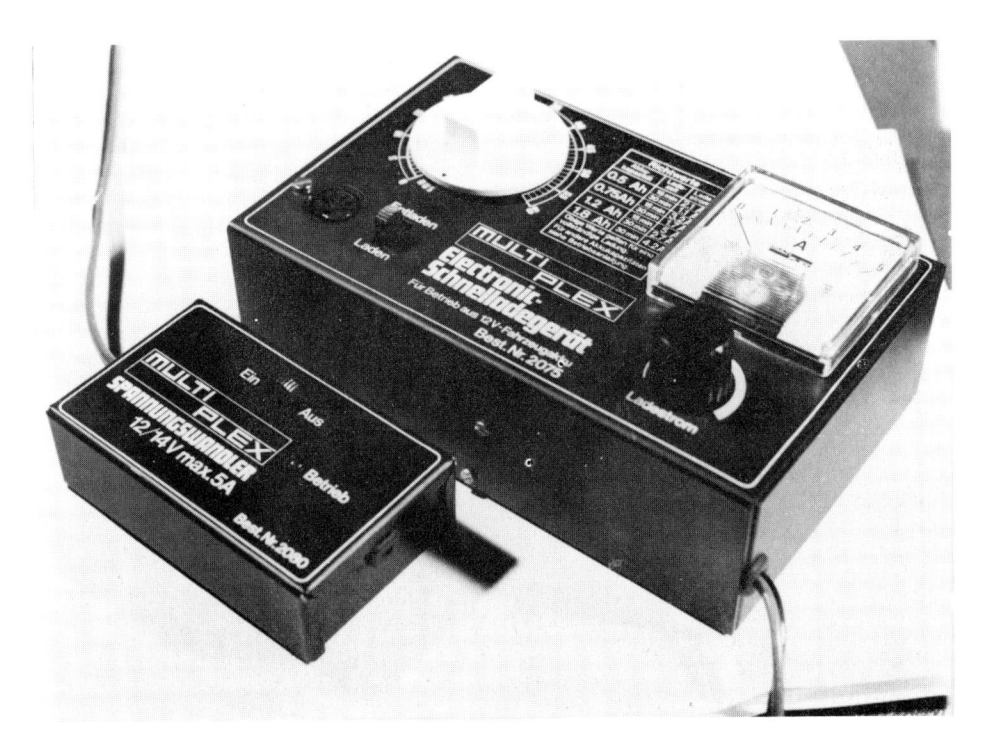

Bild: 3.5.2/8   Multiplex-Schnelladegerät für den Betrieb an der Autobatterie oder einer anderen 12V-Gleichstrom-Stromquelle.

Erst mit dem Spannungswandler ist es möglich, statt der max. üblichen 7 Zellen 8 Zellen zu laden.

Das Gerät ist zum Schnelladen aller NC-Akkus mit 4-7 Zellen 0,5 - 1,8 Ah bei Verwendung des jeweils passenden Schnelladekabels geeignet. Die Abschaltung erfolgt nach Erreichen der Volladung automatisch.

Speziell für den Betrieb von Elektroflug-, Rennboot- oder Rennauto-Modellen sollten folgende Hinweise beachtet werden: Die Ladezeiten für die Schnelladung mit eigens dafür entwickelten Schnelladern oder Schnelladekabeln ist möglichst auf 30 Minuten mit durchschnittlich $20 \times 1_{10}$ zu begrenzen. Dabei werden ca. 80 % der Nennkapazität eingeladen. Sollte eine 100 %ige Intensivierung des Ladevorganges notwendig sein, dann können die Zellen gefahrlos bis zu mehreren Stunden mit einem Ladestrom von ca. $2 \times 1_{10}$ weitergeladen werden.

Für die 30 Minuten-Schnelladung ist wichtig, daß sie nur in entladenem Zustand vorgenommen werden darf, d.h., daß die Zellen vor der Ladung je nach Belastung bis zu einer Spannung von 0.75 - 1 Volt entladen werden müssen. Eine Schnelladung aus unbekanntem Ladezustand heraus ist nicht zulässig, solange normale Schnellader oder Schnelladekabel benutzt werden.

Die üblichen Schnelladegeräte der verschiedenen Hersteller ermöglichen allgemein Ladungen von Akkus bis zu 7 Zellen. Erst ein zusätzlich eingesetzter Spannungswandler bringt die Möglichkeit, auch 8 Zellen zu gleicher Zeit zu laden (Bild 3.5.2/8).

Da nicht immer ein Auto oder eine 12Volt Gleichstromquelle zur Verfügung steht, während sicher jedes Haus elektrischen Strom hat, bietet die Firma Titan ein Netzvorschaltgerät (Bild 3.5.2/9) an, mit dem man seine Sinterakkus direkt von der Steck-

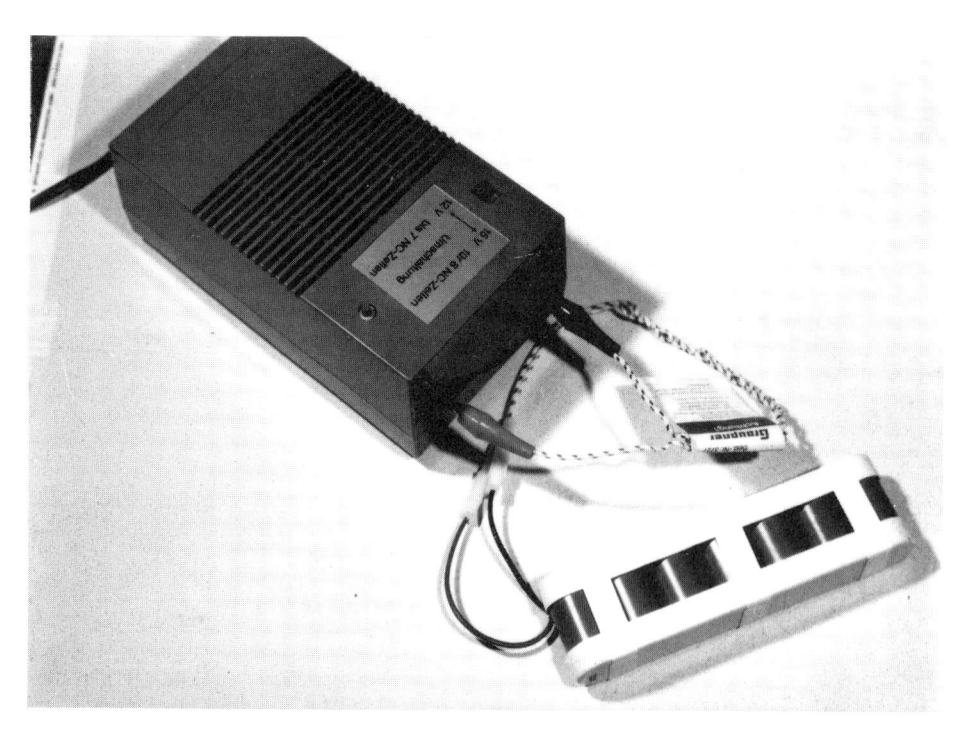

Bild: 3.5.2/9 Titan-Netzvorschaltgerät mit Widerstandskabel und angeschlossenem Akku.

dose – natürlich nicht ohne Widerstandskabel oder Auto-Schnelladegerät – schnelladen kann. Dieses Gerät ist umschaltbar von 12 auf 15 Volt, so daß auch 8zellige Akkus geladen werden können.

Ebenfalls für die Schnelladung vom Netz über Widerstandskabel oder Auto-Schnelladegerät geeignet, sind die beiden neuen Lade- bzw. Speisegeräte von Multiplex mit 12V/50W bzw. 2-6-12-13,6V/80W (Bild 3.5.2/10).

Bild: 3.5.2/10
Neu auf dem Markt sind diese beiden Lade- bzw. Speisegeräte von Multiplex.

Die große Ausnahme unter den Schnelladern bildet hier der neue Automatiklader der Firma Graupner (Bild 3.5.2/11 und /12). Mit diesem Gerät, das für den Betrieb vom 12Volt-Auto-Akku mit mindestens 36 Ah Kapazität vorgesehen ist, können gesinterte Nickel-Cadmium-Akkus von 7-14 Zellen ohne Kontrolle des Ladezustandes innerhalb von 30-40 Minuten aufgeladen werden, wobei im Gegensatz zu anderen Schnelladeverfahren über 90 % der maximal möglichen Einladung erreicht werden. Der Ladestrom wird für den jeweiligen Akku eingestellt und während des Ladevorganges konstant gehalten. Ist der Akku geladen, schaltet dieses Gerät die Ladung automatisch ab.

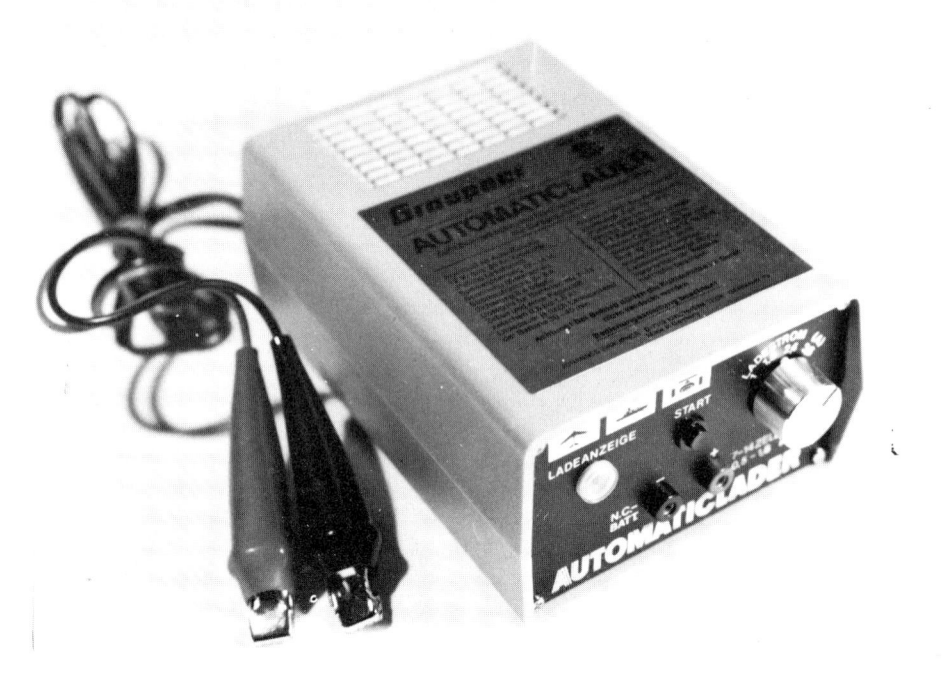

Bild: 3.5.2/11   Der Automatiklader von Graupner.

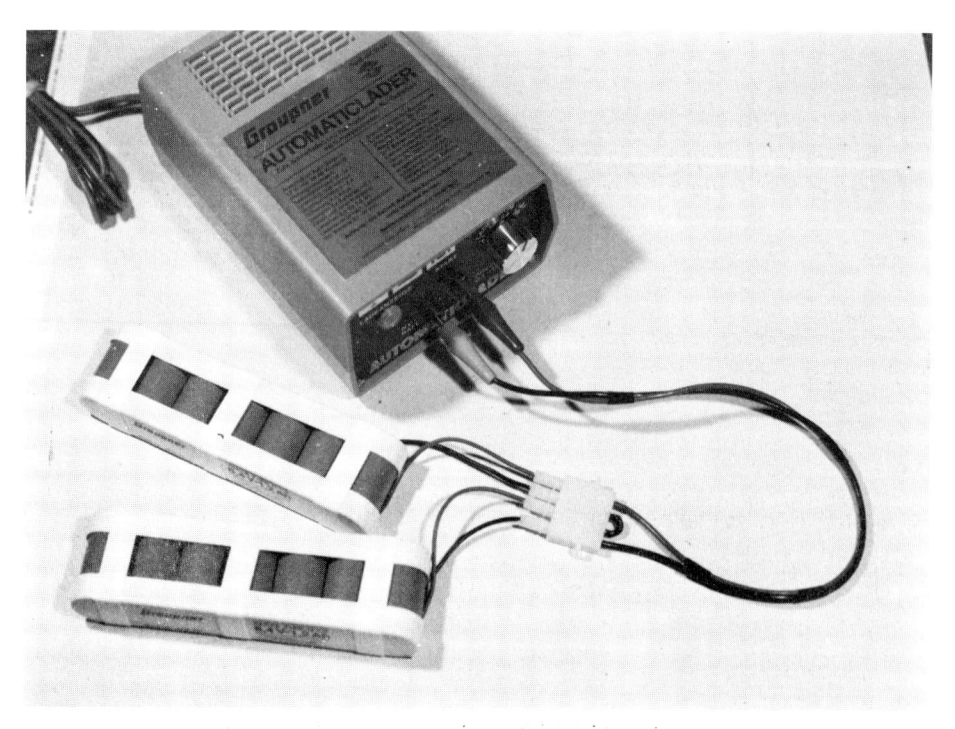

Bild: 3.5.2/12   Hier werden zwei 7zellige Akkus zu gleicher Zeit geladen.

Besonders einfach in der Bedienung und relativ preiswert ist das neue Schnellladegerät der Firma Titan, das unter der Bezeichnung „888 Elektronik" angeboten wird und nur für den Netzbetrieb geeignet ist (Bild 3.5.2/13). Da mit diesem Gerät nur 1 – 6 Zellen geladen werden können, ist es wohl speziell für den RC-Car-Betrieb ausgelegt.

Dieses Gerät lädt mit einem konstanten Ladestrom von 1,4A. Die Ladezeit ist mit der eingebauten Schaltuhr von 0-60 Minuten einstellbar.

Um eine möglichst hohe Lebensdauer der Zellen erreichen zu können, ist zu beachten, daß Tiefentladungen, evtl. verbunden mit Umpolungen bei Batterien, vermieden werden.

Da beim Fahrbetrieb wie beim Laden an den Zellen Wärme entsteht, ist es ratsam, während der Ladung und während der Entladung für ausreichende Belüftung zu sorgen. Außerdem empfiehlt es sich, die vom Fahrbetrieb noch sehr warmen Zellen vor der nächsten Schnelladung abkühlen zu lassen.

Bild: 3.5.2/13
Ganz neu ist dieses Schnelladegerät von Titan, das aber nur für Netzbetrieb geeignet ist und 1-6 Zellen lädt.

3.5.3. Der Tank und die Zuleitung

Der Treibstofftank bietet als Einbauteil kaum Probleme. Da sein Fassungsvermögen zumindest im Wettbewerbseinsatz, wenn es um Fahrzeuge im Maßstab 1:8 geht, auf max. 125 ccm begrenzt ist, steht die Einbaugröße von vornherein fest.

Sehr wichtig und für den Wettbewerbsausgang nicht selten von ausschlaggebender Bedeutung, ist eine möglichst große Einfüllöffnung, die das schnelle Nachtanken während des Rennens ermöglicht. Geeignete Tanks werden z. B. von den Firmen SG (Vertrieb Robbe), PB und Graupner im Fachhandel angeboten.

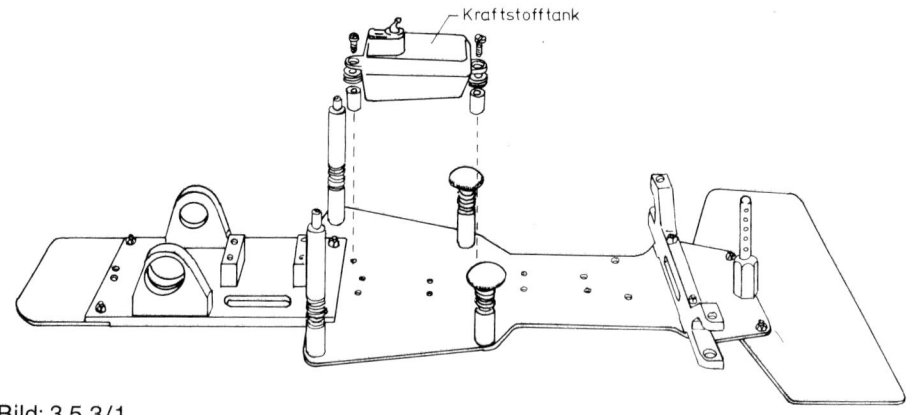

Bild: 3.5.3/1

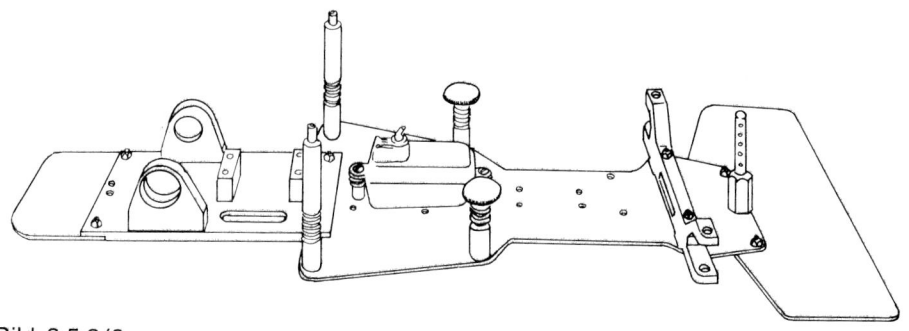

Bild: 3.5.3/2

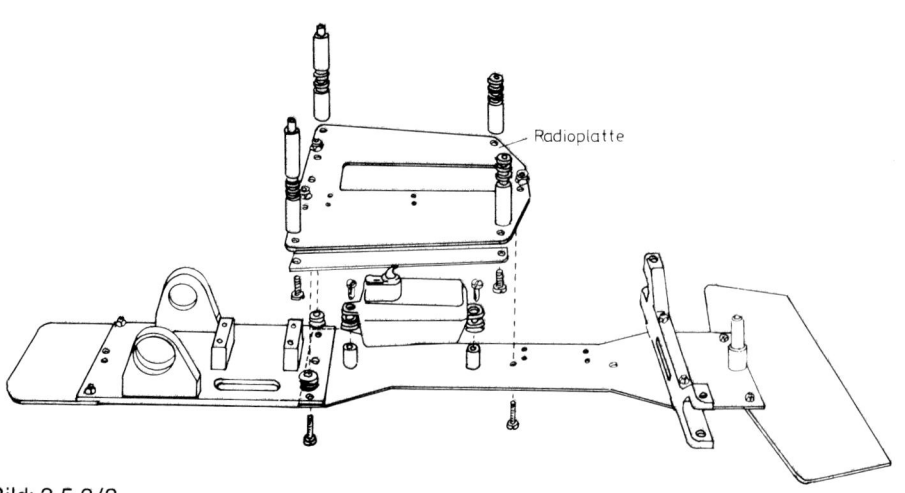

Bild: 3.5.3/3

Bild: 3.5.3/4

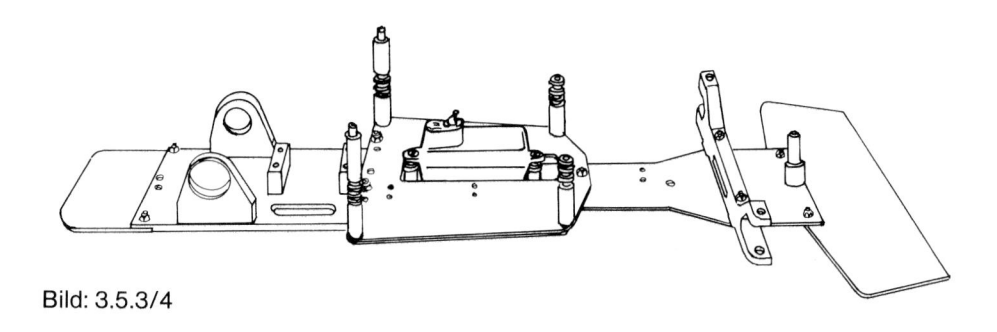

Gebräuchliche Tankanordnungen zeigen die Bilder 3.5.3/1 + 3.5.3/2 bei Modellen ohne spezielle Radioplatte und 3.5.3/ + 3.5.3/4 mit Radioplatte.

Gefüllt wird der Tank mit Hilfe eines Gummiballs, der eine besonders schnelle Betankung ermöglicht.

Für die Verbindung vom Tank zum Motor hat sich Siliconschlauch am besten bewährt.

Ein Drucktankanschluß, also eine Schlauchverbindung vom Schalldämpfer zum Tank, sorgt für eine besonders gleichmäßige Versorgung des Motors.

3.6. Tuning- und Umrüstteile tragen zur Leistungssteigerung bei

Tuning, direkt übersetzt: Stimmen, Abstimmen, Einstellen, wird beim Auto die die Leistung verbessernde genaue Einstellung – oder einfach die optimale Nutzung der vorhandenen (oder zulässigen) Leistung – genannt.

Im Modell wird diese Bezeichnung – ein wenig abgewandelt – für allgemeine leistungssteigernde Veränderungen am Fahrzeug genommen. So wie man beim V-Motor-Fahrzeug durch Frisieren des Motors und durch die Lagerung der Achsen auf Kugel- oder Nadellager den Wirkungsgrad des Modells verbessert, so kann man natürlich auch die Leistung von Elektrofahrzeugen durch die Verwendung von stärkeren Motoren und größeren Akkus, sowie dadurch, daß man die in Gleitlagern laufenden Achsen auf Kugellager umrüstet, erheblich verbessern.

Im Wettbewerbsbetrieb sind die Umrüstmöglichkeiten – zur Erreichung einer gewissen Chancengleichheit – stark eingeschränkt (siehe auch Kapitel 8.). Im Elektro-Fahrzeug dürfen die Akkus max. 6 Zellen und der Motor im Automodell mit Verbrennungsmotor darf nicht mehr als 3,5 ccm Hubraum haben, wenn es sich um ein Fahrzeug im Maßstab 1:8 handelt. Auch die Tankgröße ist festgelegt.

Will man sein Modell innerhalb des Zulässigen in der Leistung steigern, dann muß man andere Wege gehen.

So wie die Firmen Graupner, Carrera und Multiplex für einen Teil ihrer Fahrzeuge im Maßstab 1:12 Kugellager zum Nachrüsten, Tuning-Sets, die einen stärkeren Motor, eine gehärtete Hinterachse, Druck- und Kugellager für Vorder- und Hinterachse enthalten, anbieten, bietet die Firma Robbe – ebenso wie Carrera – einen Umrüstsatz für diese Modelle an, mit dem man Front- oder Heckantriebswagen auf Allradantrieb umrüsten kann (Bilder 3.6/1 – /3).

Bild: 3.6/1 Der Multiplex-Tuning-Set für MPX-RC-12-Cars, bestehend aus: Dem stärkeren Motor, einer gehärteten Hinterachse, Druck- und Kugellagern jeweils für Vorder- und Hinterachse.

Bild: 3.6/2 Robbe-Umrüstsatz zum Umrüsten der Robbe-Sonic-Sports-Frontantriebswagen auf Allradantrieb, mit einem Motor vorn und einem Motor hinten.

Bild: 3.6/3   Der auf Allradantrieb umgerüstete 1:12 Robbe-Sonic-Sports-Frontantriebswagen.

Auch für die Verbesserung der Fahreigenschaften des Graupner-Motorrades "Eleck-Rider" wird ein Tuning-Set angeboten (Bild 3.6/4). Dieser Set enthält alle Teile zur Erweiterung des Radabstandes – wodurch es möglich wird, einen Akku mit 6 Zellen unterzubringen –, eine dabei erforderliche längere Antriebskette sowie besonders weiche Hohlkammerreifen, die die Bodenhaftung verbessern.

Bild: 3.6/4   Tuning-Set für E-Motorrad "Eleck-Rider" von Graupner.

Für die Automodelle mit Verbrennungsmotor werden auch Umrüstmöglichkeiten angeboten. So wie man bei PB, wenn man einfach anfängt, das einfachste Fahrzeug nachträglich mit Kugellagern, mit einer Epoxydchassisplatte, mit einer Scheibenbremse und einem Differential auf den Stand des Wettbewerbsautos PB9 umrüsten kann, bieten auch andere Firmen, wie z.B. Graupner, die Möglichkeit, später ein Differential qeinzubauen.

Speziell für den harten Wettbewerbseinsatz, bietet die Firma Robbe einen Umrüstsatz mit 5mm starken Achsschenkeln für ihre RC-Cars mit Verbrennungsmotor an (Bild 3.6/5).

Einen interessanten Umrüstsatz hat die Firma Graupner für ihren RC-Geländewagen Fairlady 240Z in 1:8 auf den Markt gebracht. Es handelt sich dabei um einen Satz Oeldruckstoßdämpfer für Vorder- und Hinterachse, die die Fahreigenschaften merkbar verbessern.

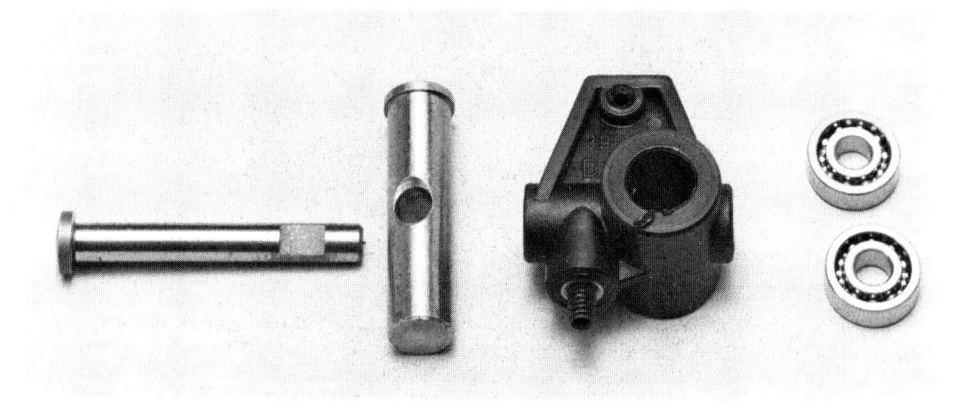

Bild: 3.6/5   Robbe-Umrüstsatz mit 5 mm Achsschenkeln, für jede Seite einzeln erhältlich. Speziell für harten Wettbewerbseinsatz gedacht.
Der Satz besteht aus: 1 Achsschenkel
                     1 Achsschenkelbolzen
                     1 Lenkhebel

4. Der Bau des Fahrzeugs

Der Bau eines RC-Fahrzeugs ist dem handwerklich einigermaßen geschickten Modellbauer, sofern er mit entsprechendem Werkzeug versorgt ist, sicher möglich. Ob es allerdings ratsam ist, ein solches Fernlenkauto ganz ohne serienmäßige Bauteile aufzubauen, bezweifle ich. Die Ausnahme ist dabei das originalgetreue Automodell, das möglichst auch in allen Details vorbildgetreu ausgeführt sein soll und nicht für den Renn-Wettbewerb gedacht ist.

RC-Cars sollte man besonders am Anfang seiner Rennfahrer-Karriere möglichst aus Bausätzen oder wenigstens mit Hilfe serienmäßig erhältlicher wichtiger Teile wie der Achse, der Achslager, der Achsschenkel, der Felgen und Reifen und einiger anderer wichtiger Teile, nach bereits bekannten Vorbildern aufbauen.

4.1. Der Bausatz

Der Bausatz bietet, wie schon vorher erwähnt, die größtmögliche Sicherheit dafür, daß das gebaute Fahrzeug später wenigstens eine gewisse Fahrleistung erbringt und nicht gleich in der Mülltonne endet. Voraussetzung dafür ist natürlich die exakte Einhaltung der Bauanleitung.

Es hilft nicht, daß man sich für alle Touren-, Sport- oder Formel-Fahrzeuge interessiert und eventuell sogar ihre Namen aus dem Kopf aufsagen kann, man muß klein anfangen und Erfahrungen sammeln.

4.2. Die Eigenkonstruktion

Die Eigenkonstruktion wird eigenartigerweise besonders von Anfängern als kostensparende Möglichkeit, ein RC-Car zu bauen, angesehen. Wer so denkt, der sollte sich wirklich erst einmal von einem Fachmann beraten lassen, bevor er mit dem Bau beginnt. Die Erfahrung hat nämlich längst gezeigt, daß die Eigenkonstruktion, sofern der Konstrukteur versiert genug ist, erheblich bessere Leistungen erbringen kann. Die Kosten sind erfahrungsgemäß meist erheblich höher als bei Verwendung eines Bausatzes, wenn es auch zuerst anders aussieht. Einen ernsthaften RC-Car-Anhänger wird das jedoch kaum stören. Wenn man Erfolg haben will, darf man auch nicht so sehr auf die Mark sehen.

4.2.1. Das Chassis

Die Bodenplatte des Fahrzeugs, also die Montageplatte, die die Vorderachse und die Hinterachse sowie den kompletten Antrieb trägt, wird beim Modell wie beim Original Fahrgestell oder Chassis genannt.

Bei den RC-Cars mit E-Motor ist das Chassis aus flexiblem Kunststoff, aus Duraluminium oder aus glasfaserverstärktem Epoxidharz, während die RC-Cars mit Verbrennungsmotor Duraluminium oder Epoxid-Chassis haben.

Die verwendeten Kunststoffe sind sicher dem Duraluminium vorzuziehen, da sie erheblich elastischer sind. Besser als die Chassis aus dem flexiblen Kunststoff sind aber auf alle Fälle die aus Epoxid mit Glasfaserverstärkung. Metallchassis haben den Nachteil, daß sie bei einem Aufprall nicht nachgeben und dann verbiegen oder zumindest die Beschädigung oder Verformung anderer Teile, z.B. an Vorder- oder Hinterachse, verursachen. Etwas muß ja schließlich nachgeben.

Das Chassis unserer Modellautos ist selten einteilig und wenn, hat es zumindest einen vorderen Rammschutz, der im Falle eines Aufpralls das Schlimmste verhindern soll und wenn es ganz hart wird, einfach dadurch abschert, daß die Befestigungsschrauben nachgeben. Viele Fahrzeuge haben hinten ebenfalls einen Rammschutz, der verhindern soll, daß auffahrende Fahrzeuge nicht zuviel Schaden anrichten können.

Das Chassis selbst trägt durch seine Elastizität ebenfalls zur Stabilität bei.

Die Bilder 4.2.1/1 – 4.2.1/4 zeigen den bei Cars mit V-Motor üblichen Chassisaufbau, bei dem die Duraluminium- oder Epoxid-Chassisplatte hinten mit der Montageplatte (auch Power Pod genannt) für den Antrieb und die Hinterachse und vorn mit dem Rammschutz verschraubt wird, während die Bilder 4.2.1/5 – 4.2.1/7 Original-Chassis von PB und Futura mit und ohne Power Pod und einen wettbewerbstypischen Power Pod, wie er von der Firma Robbe angeboten wird, zeigen.

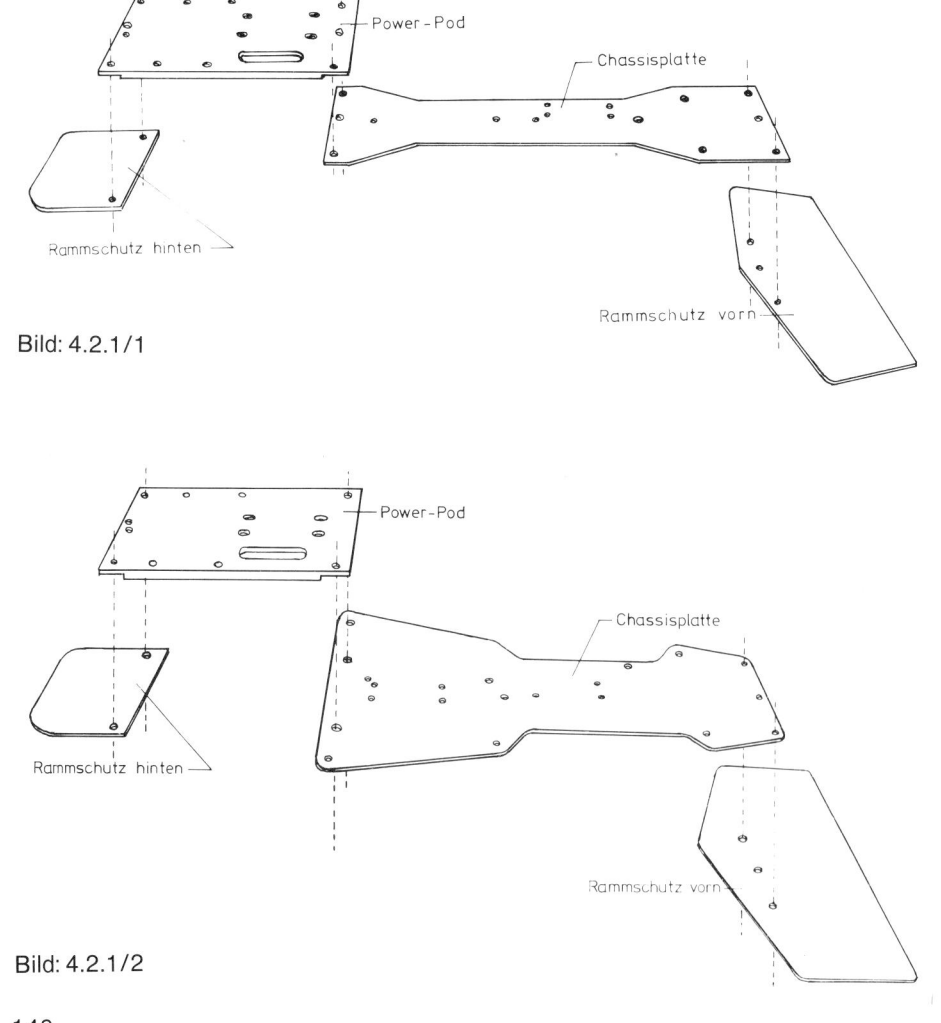

Bild: 4.2.1/1

Bild: 4.2.1/2

Bild: 4.2.1/3

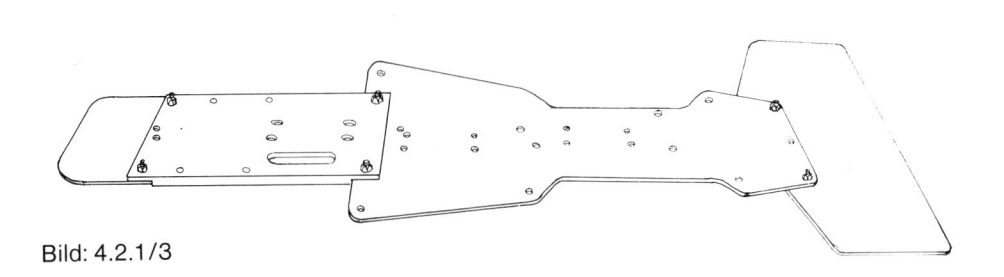

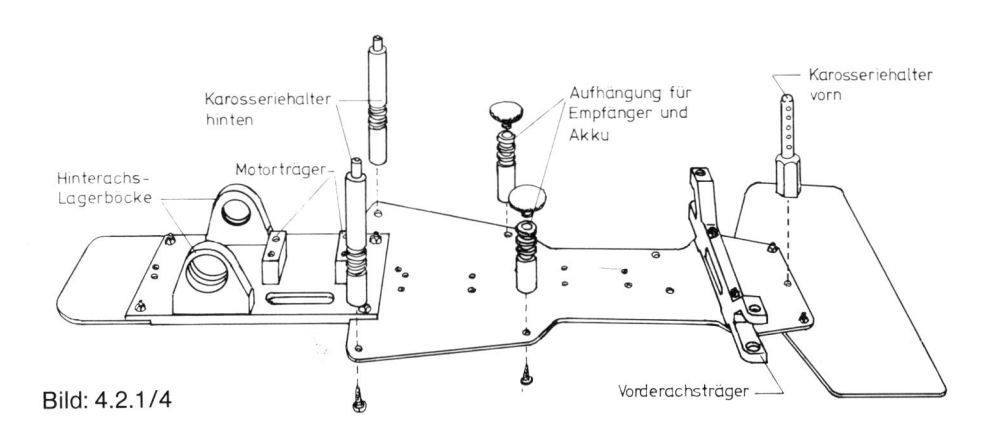

Bild: 4.2.1/4

Labels: Karosseriehalter hinten, Aufhängung für Empfänger und Akku, Karosseriehalter vorn, Hinterachs-Lagerböcke, Motorträger, Vorderachsträger

Bild: 4.2.1/5   Zwei Chassis von PB, links aus Epoxyd, rechts aus Dural.

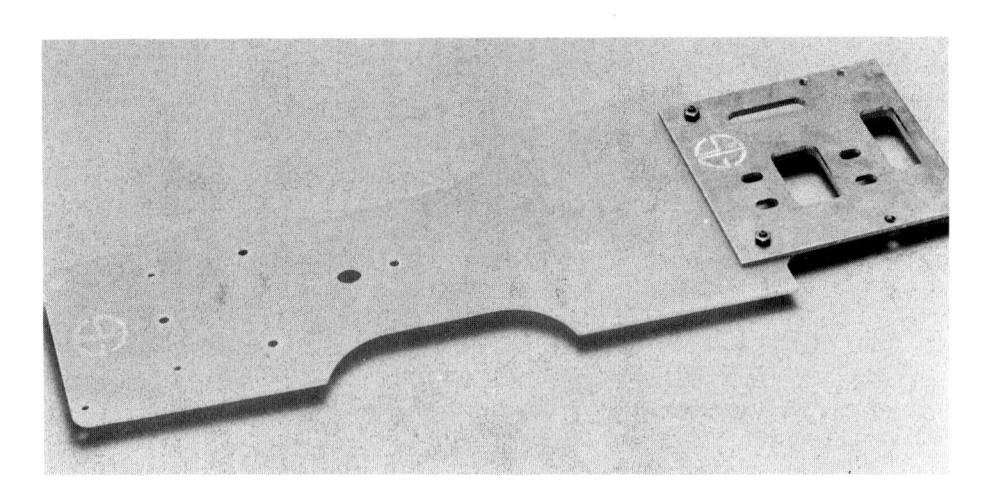

Bild: 4.2.1/6   Robbe-Epoxyd-Chassis mit angebrachten Power-Pod.

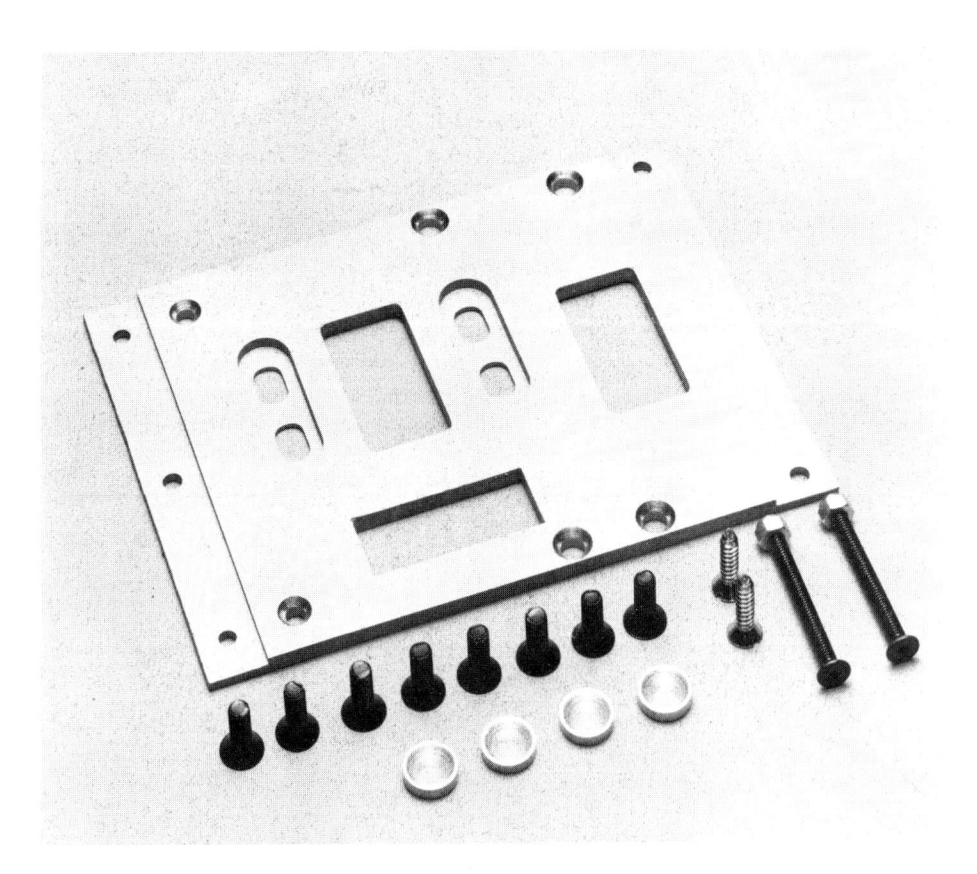

Bild: 4.2.1/7   Robbe Power-Pod, speziell für den Wettbewerbseinsatz, passend für Futura.

4.2.2. Die Vorderachse

Die Vorderachse hat nicht nur durch die Lenkung, die über sie erfolgt, sondern auch durch die von ihr direkt beeinflußbare Spurtreue auf der Geraden wie in der Kurve, logischerweise großen Einfluß auf das Fahrverhalten des Automodells.

Gibt man den Vorderrädern eine leichte Vorspur und einen entsprechenden Nachlauf, so wird das Modell von sich aus sehr gut geradeaus fahren und immer das Bestreben haben, auch aus der Kurve heraus in die Gerade überzugehen. Wenn diese Eigenschaft für unsere RC-Cars auch nicht von so großer Bedeutung ist wie für die großen Kraftfahrzeuge, da unsere Fernsteuerung mit ihren kräftigen Servos jederzeit in der Lage sind, die Lenkung zu halten, so ist sie zumindest eine Entlastung des Lenkservos und trägt dazu bei, Strom zu sparen. Die Empfängerbatterie soll ja möglichst bis zum Ende des Rennens durchhalten, ohne nachgeladen zu werden.

Wenn die Konstruktionen der Vorderachsen der verschiedenen Fabrikate auch unterschiedlich aufgebaut sind, irgendwie erfüllen sie alle Ansprüche, die an sie gestellt werden. Dabei sind natürlich auch Unterschiede in der Stabilität wie in der Lenkmechanik möglich. Die Art der Achslagerung und die Stärke der Spurstange bestimmen die Feinfühligkeit der Lenkung, sofern sie einigermaßen spielfrei montiert sind.

Der Unterschied zwischen Vorderachskonstruktionen, die direkt oder über einen Servo-Überlastungsschutz angelenkt werden, wobei nicht nur das Lenkservo entlastet und vor Beschädigungen geschützt wird, sondern gleichzeitig auch eine differenzierte Anlenkung entsteht, wirkt sich natürlich sehr stark auf die Fahreigenschaften aus.

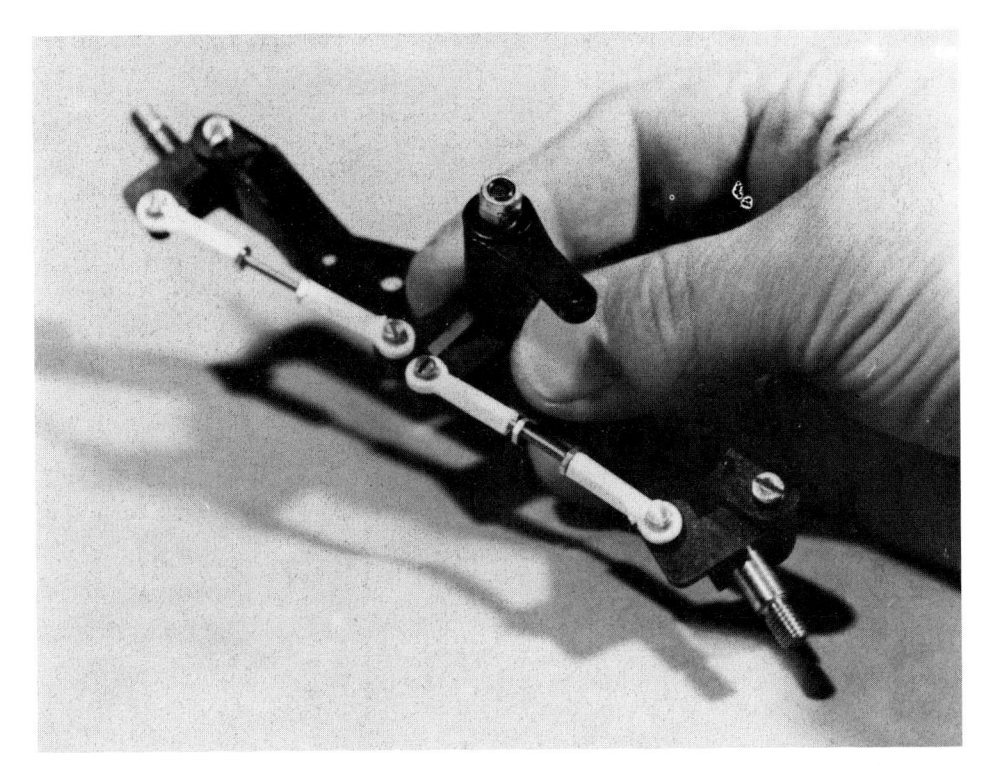

Bild: 4.2.2/1   Die Vorderachse von Carrera.

Bild: 4.2.2/2   Hier ist die Vorderachse auf das Chassis geschraubt.

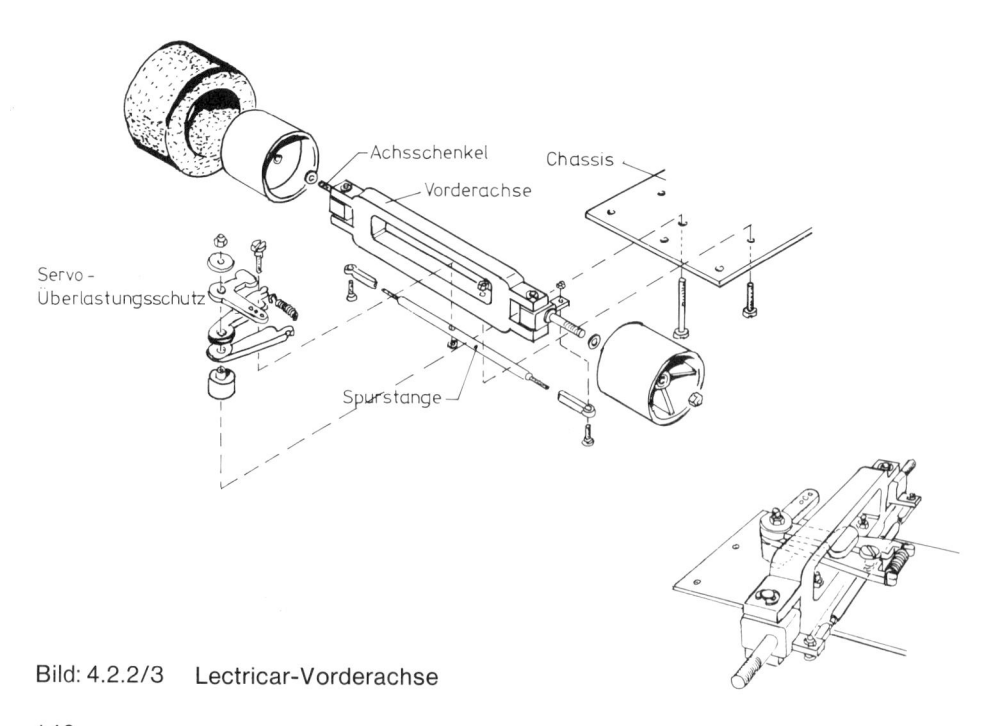

Bild: 4.2.2/3   Lectricar-Vorderachse

146

Servo-Saver

Servo

einteilige Spurstange

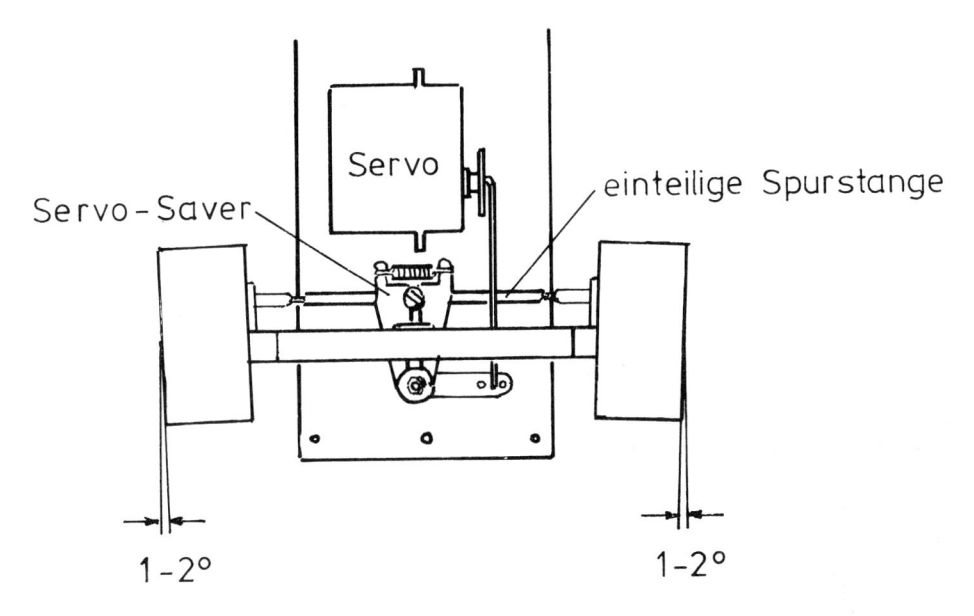

1-2°   1-2°

Bild: 4.2.2/4

Die Bilder 4.2.2/1 – 4.2.2/6 zeigen als Beispiele die Vorderachskonstruktionen von Carrera, Lectricar und Graupner-Frontspeed, während die Bilder 4.2.2/7 und 4.2.2/8 die Vorderachse des V-Motor-Rennwagens (M 1:8) der Fa. PB zeigt.

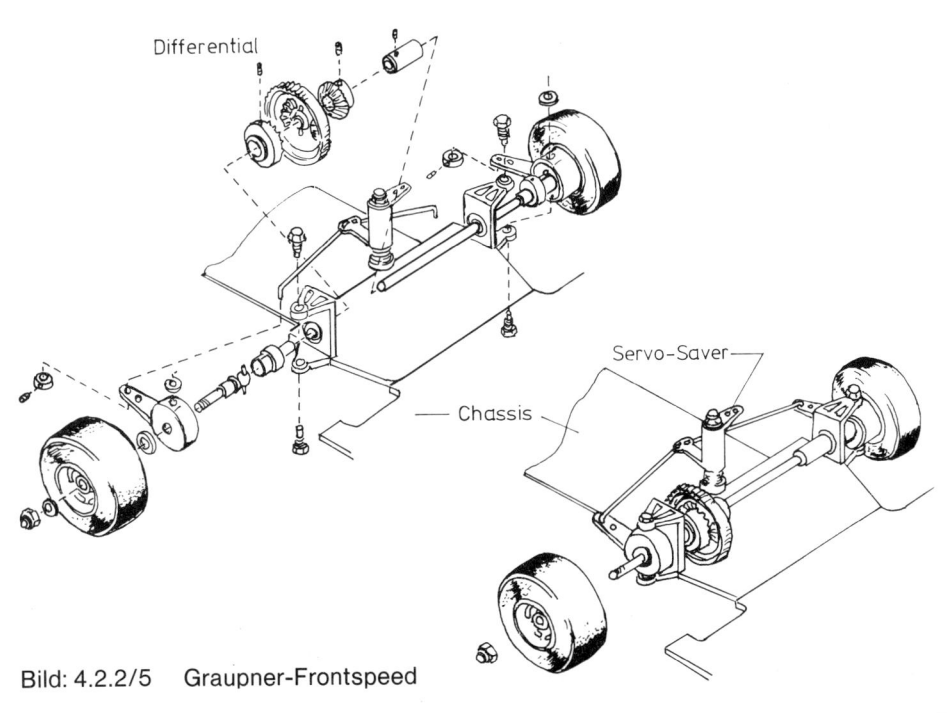

Differential

Servo-Saver

Chassis

Bild: 4.2.2/5   Graupner-Frontspeed

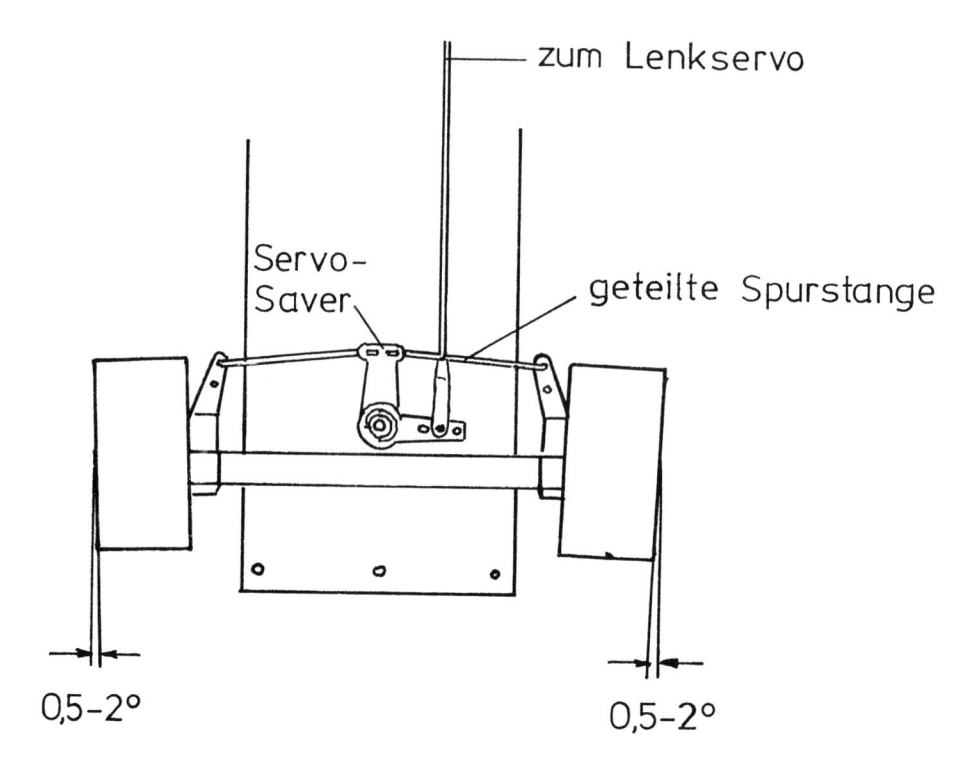

Bild: 4.2.2/6

Bild: 4.2.2/7   Der komplette Vorderachsset von PB.

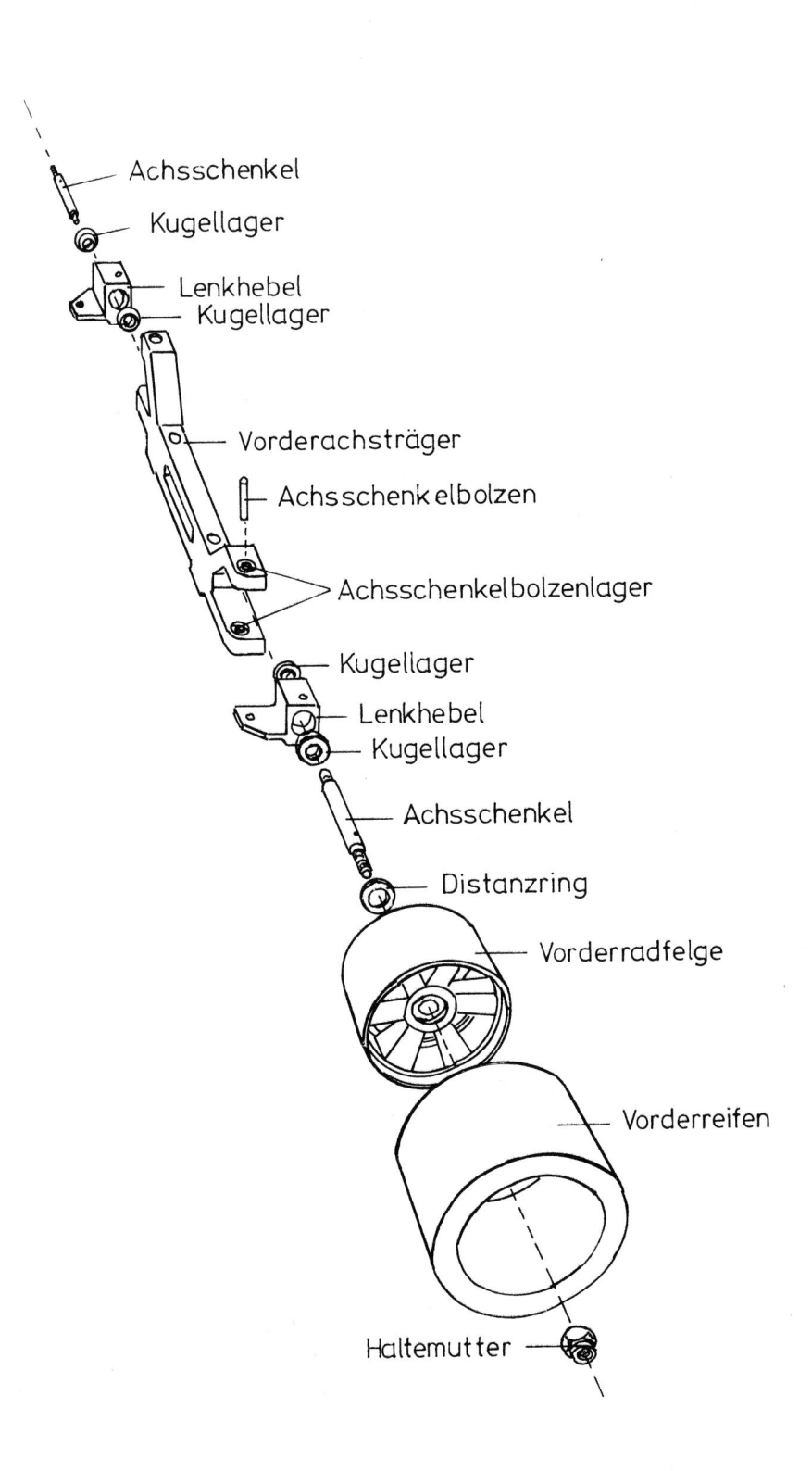

Bild: 4.2.2/8

4.2.3. Die Hinterachse

Der Konstruktion der Hinterachse, also der Achse, die bei den meisten Automodellen wie im Original die Antriebsachse ist, ist schon besondere Beachtung zu schenken, wenn das Fahrzeug einigermaßen erfolgreich sein soll.

Gleitlager reichen z.B. ohne weiteres als Lager für die Hinterachse, sofern sie aus strapazierfähigem Material sind, aus. Kugellager bringen aber weniger Reibungswiderstand und somit einen leichteren Lauf und tragen damit direkt zur Leistungssteigerung des Modells bei. Auch bei Modellen mit Frontantrieb ist eine gut gelagerte, leichtgängige Hinterachse von großem Vorteil.

In den 1:12-RC-Cars werden allgemein starre einteilige Hinterachsen aus Stahl eingesetzt, die in Gleit- oder Kugellagern laufen. Soweit kein Differential eingebaut ist, werden dann nur noch das große Zahnrad, das über das Motorritzel vom Antriebsmotor angetrieben wird, und die beiden Räder fest auf die Achse geschraubt. Die Bilder 4.2.3/1 und 4.2.3/2 zeigen den Aufbau der Hinterachse des Mac Gregor-RC-Cars MRL 17, die bereits Kugellager hat.

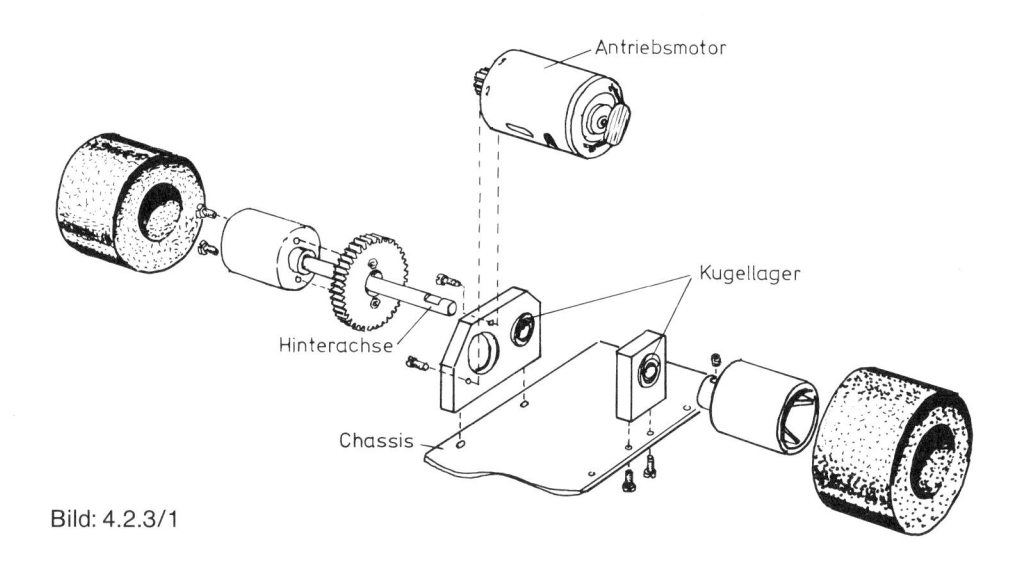

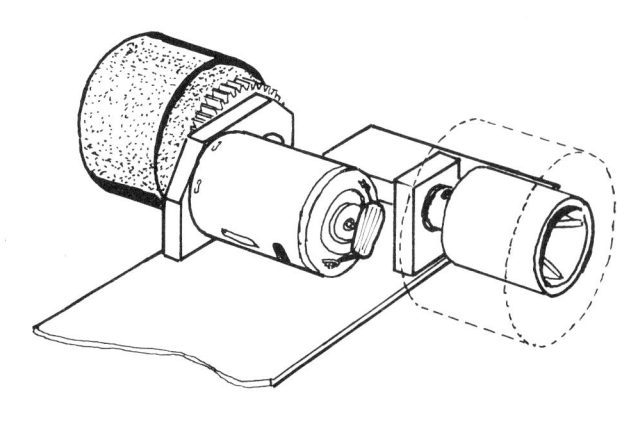

Bild: 4.2.3/1

Bild: 4.2.3/2

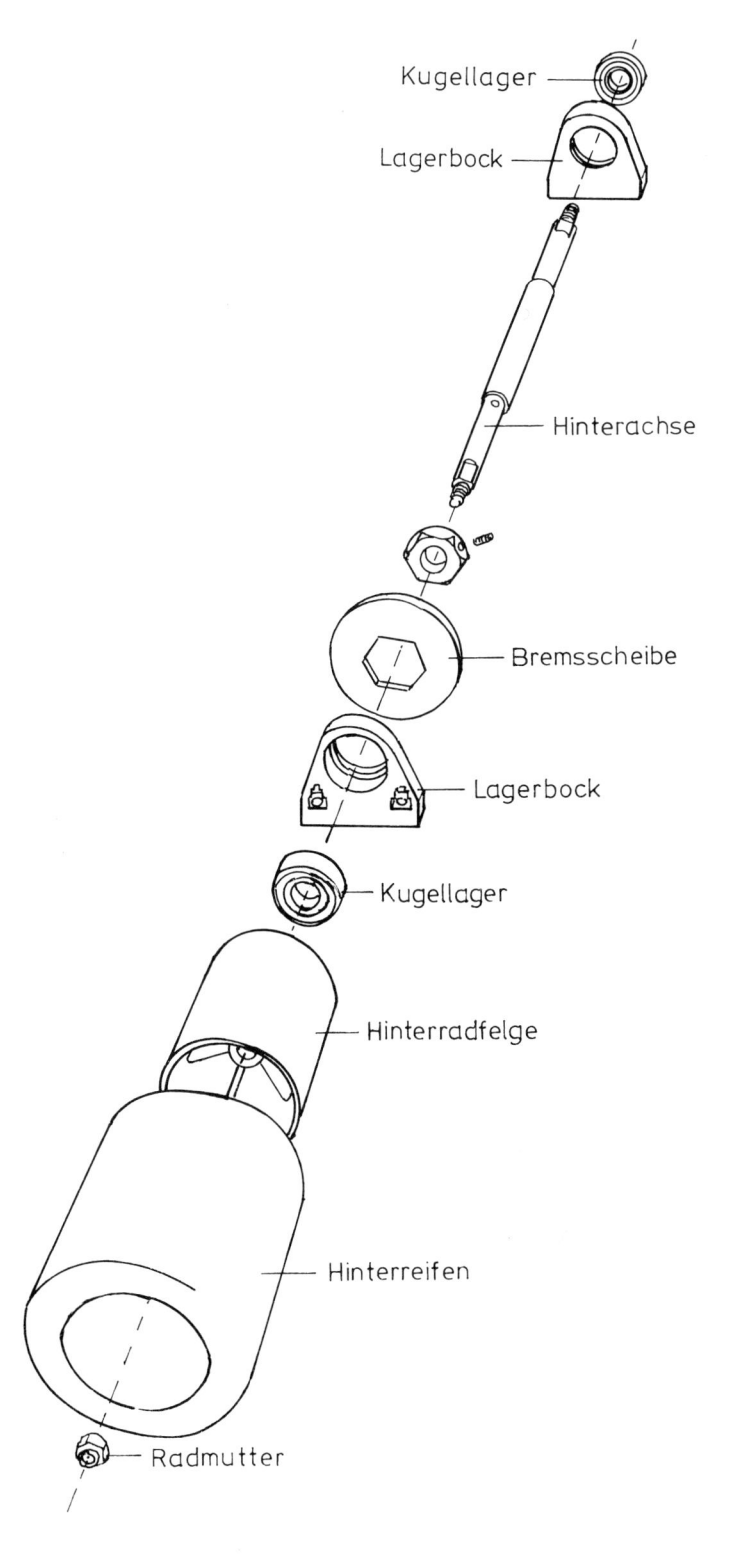

Kugellager
Lagerbock
Hinterachse
Bremsscheibe
Lagerbock
Kugellager
Hinterradfelge
Hinterreifen
Radmutter

Bild: 4.2.3/3

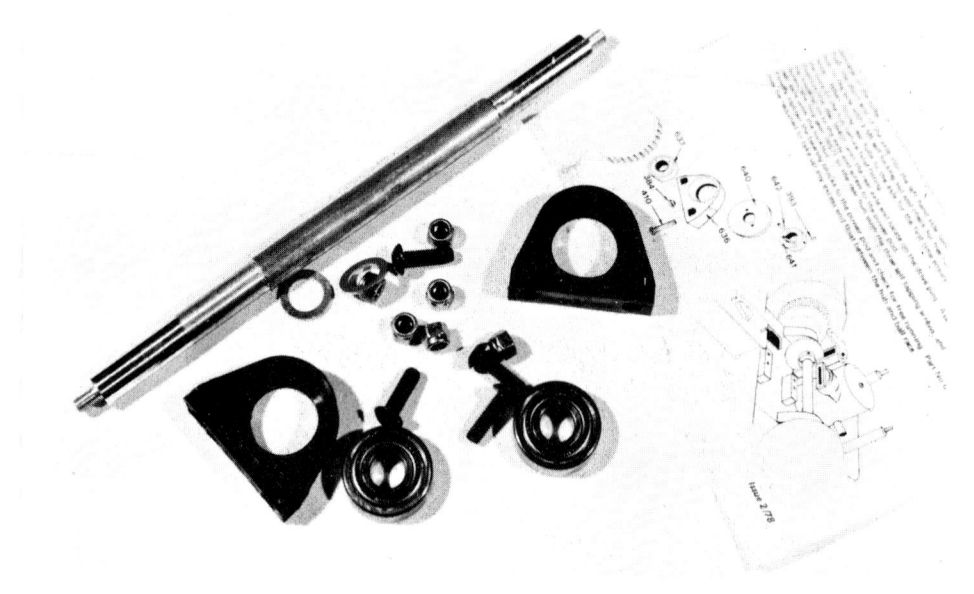

Bild: 4.2.3/4   Der komplette Hinterachsset von PB.

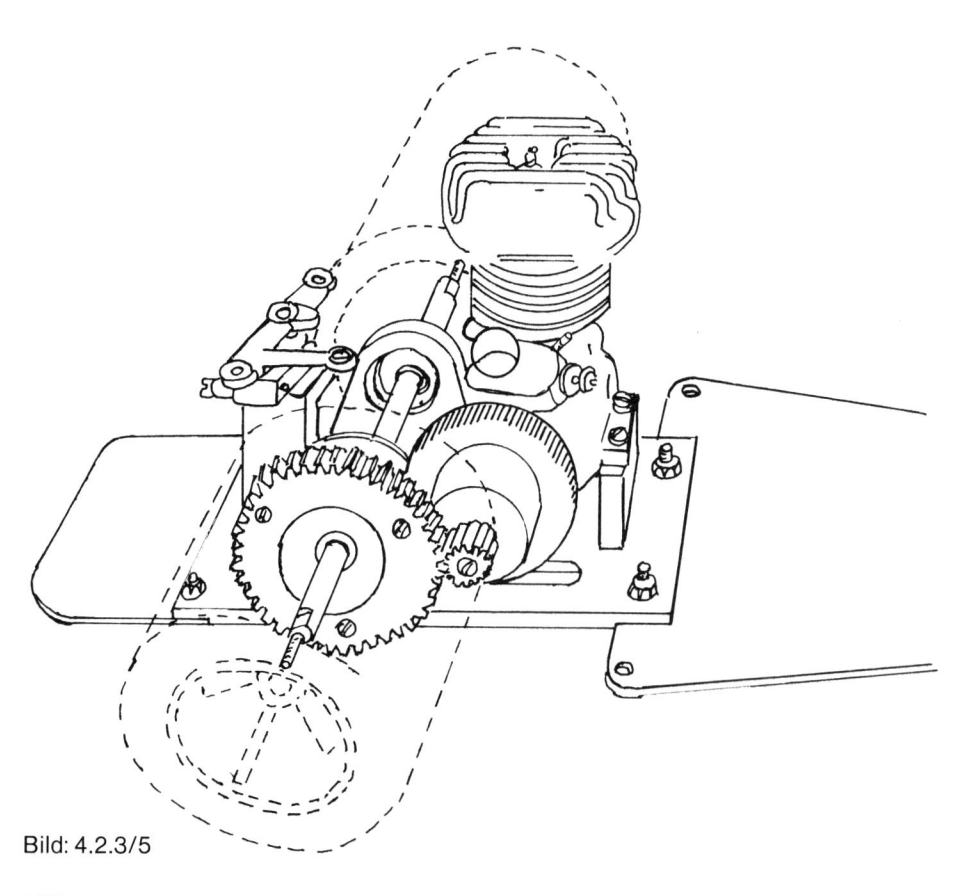

Bild: 4.2.3/5

152

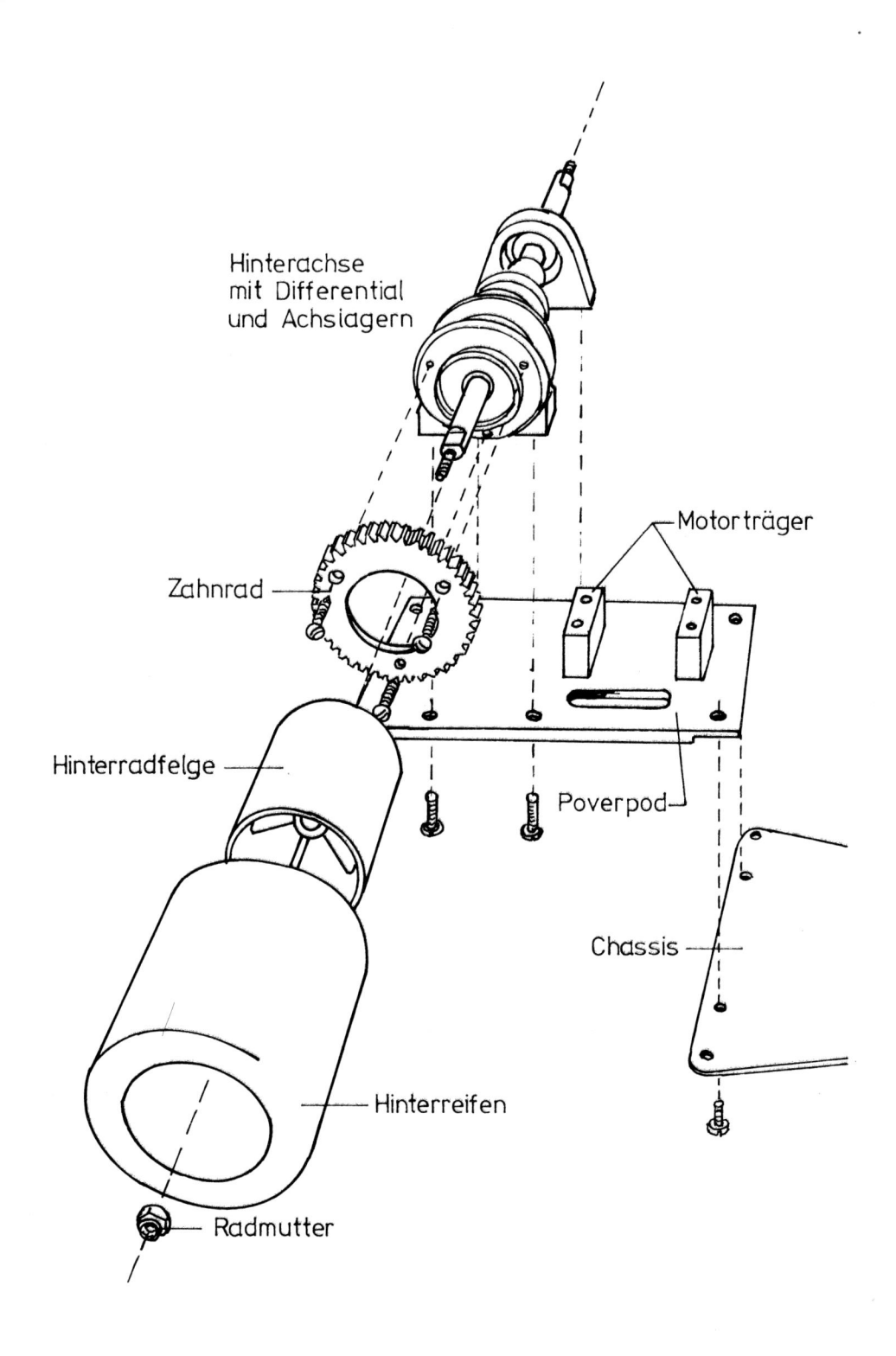

Bild: 4.2.3/6

offene Scheibenbremse

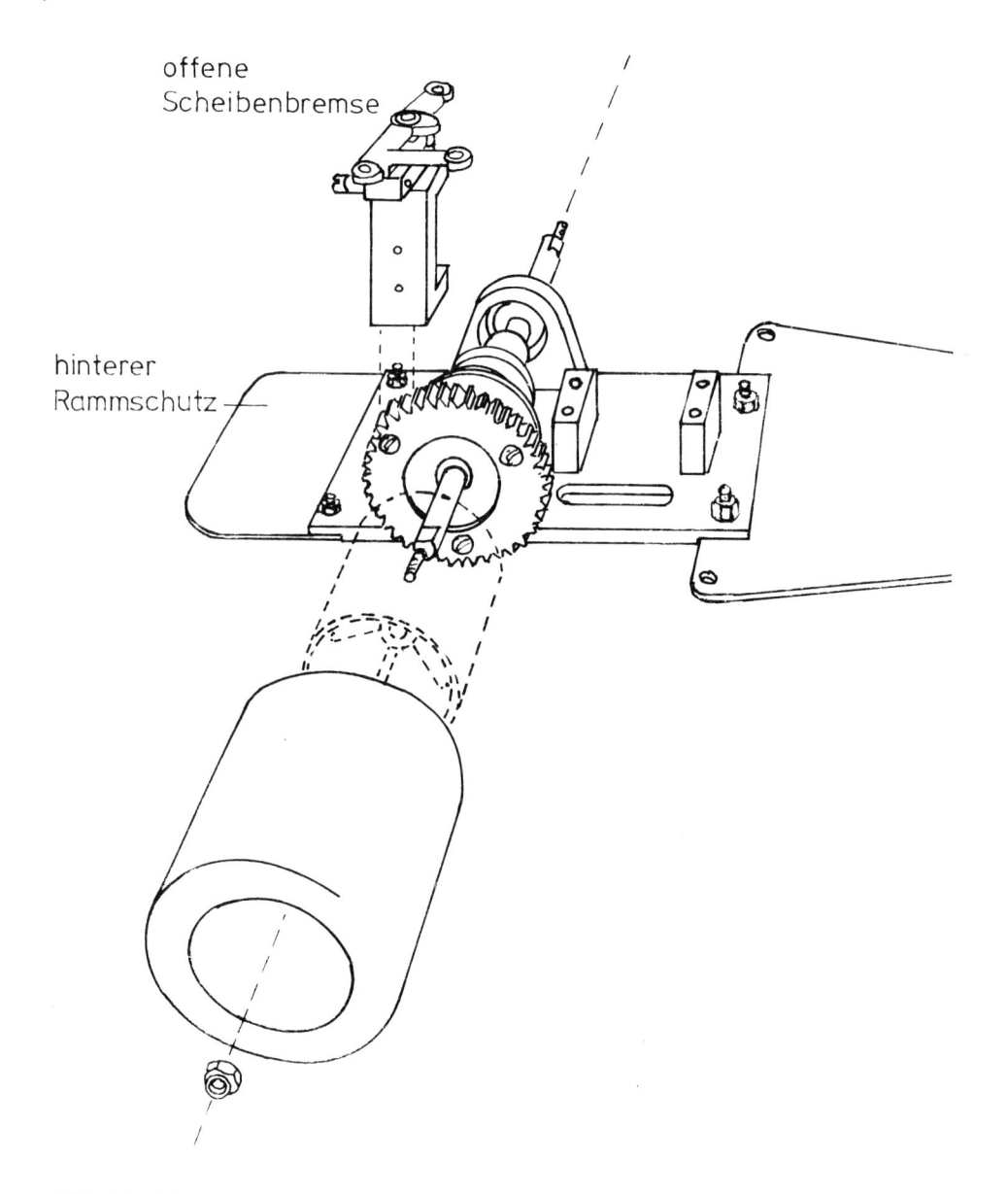

hinterer Rammschutz

Bild: 4.2.3/7

Bei Verwendung eines Differentials sieht es bei diesen Fahrzeugen dann so aus, daß ein Rad fest auf die Achse geschraubt wird, während das andere Rad lose auf der Welle läuft und zum Antrieb mit dem einen Außenkegelrad des Differentials verbunden ist. Die Bilder 4.2.3/3 – 4.2.3/5 zeigen als Beispiel eine weitverbreitete Variante dieser Konstruktion ohne Differential, während die in den Bildern 4.2.3/6 – 4.2.3/8 gezeigte Hinterachse ein Differential hat.

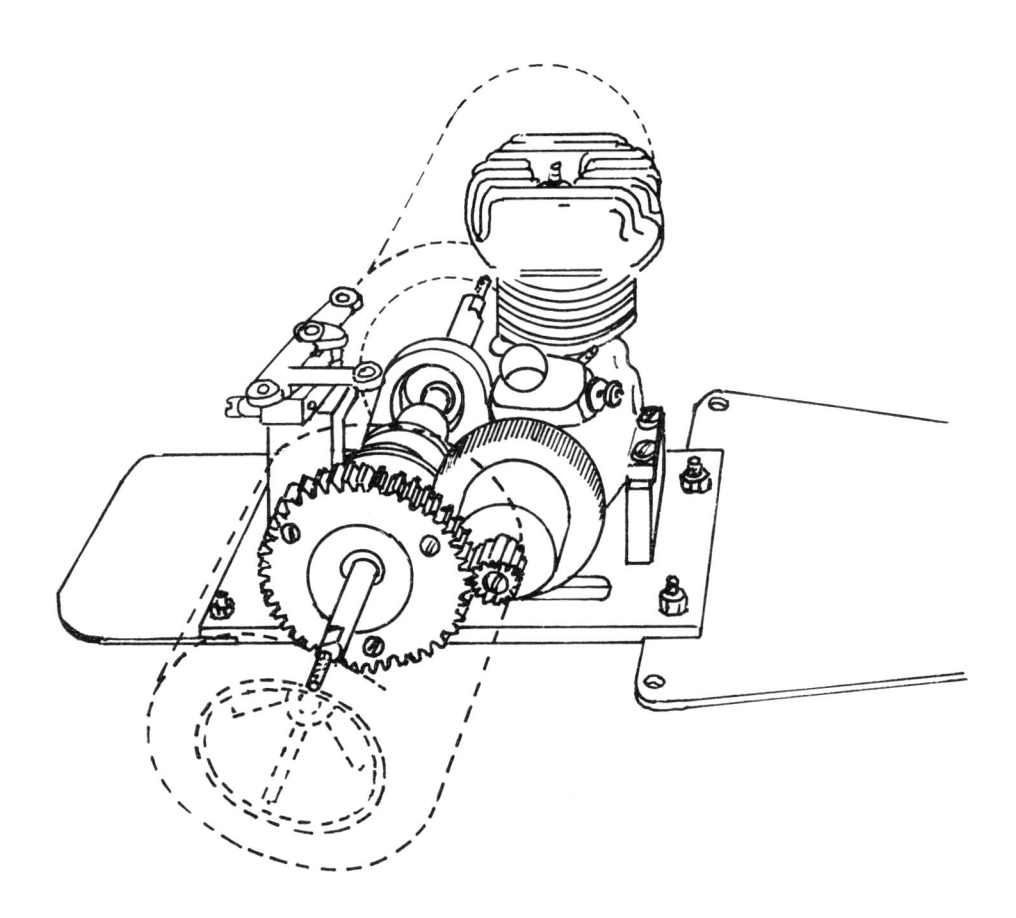

Bild: 4.2.3/8

4.2.4. Kupplung und Bremse

Kupplung und Bremse sind bei elektrisch betriebenen Fahrzeugen ebenso wie bei Fahrzeugen mit Verbrennungsmotor, wenn auch unterschiedlich in der Konstruktion, üblich oder zumindest möglich.

Während beim Elektro-Fahrzeug eine Art Auskupplungseffekt, also ein Leerlauf, dadurch entsteht, daß man mit Hilfe eines einfachen Widerstandsreglers (auch mechanischer Fahrtregler genannt, Bild 4.2.4/1) oder eines elektronischen Fahrtreglers dem Motor die Stromversorgung wegregelt und ihm damit einen freien Lauf ermöglicht, der dem Effekt der Auskupplung gleichkommt, wird beim Verbrennungsmotor-Fahrzeug dieser Vorgang rein mechanisch gelöst. Dadurch, daß der Motor über den Drosselvergaser in der Drehzahl reduziert wird, verlieren die Kupplungsbacken in der Fliehkraftkupplung an Andruckkraft und kuppeln bei entsprechend niedriger Drehzahl aus. In diesem Zustand dreht die sonst als Antriebsachse dienende Hinterachse durch, und das Fahrzeug rollt im Leerlauf weiter. Das Bild 4.2.4/2 zeigt den Aufbau einer in RC-Cars mit V-Motor üblichen Kupplung.

Auch der Bremsvorgang, der bei Fahrzeugen mit Hinterradantrieb nicht nur zum Stoppen des Autos nach der Fahrt oder vor Hindernissen, sondern auch beim Kurven-

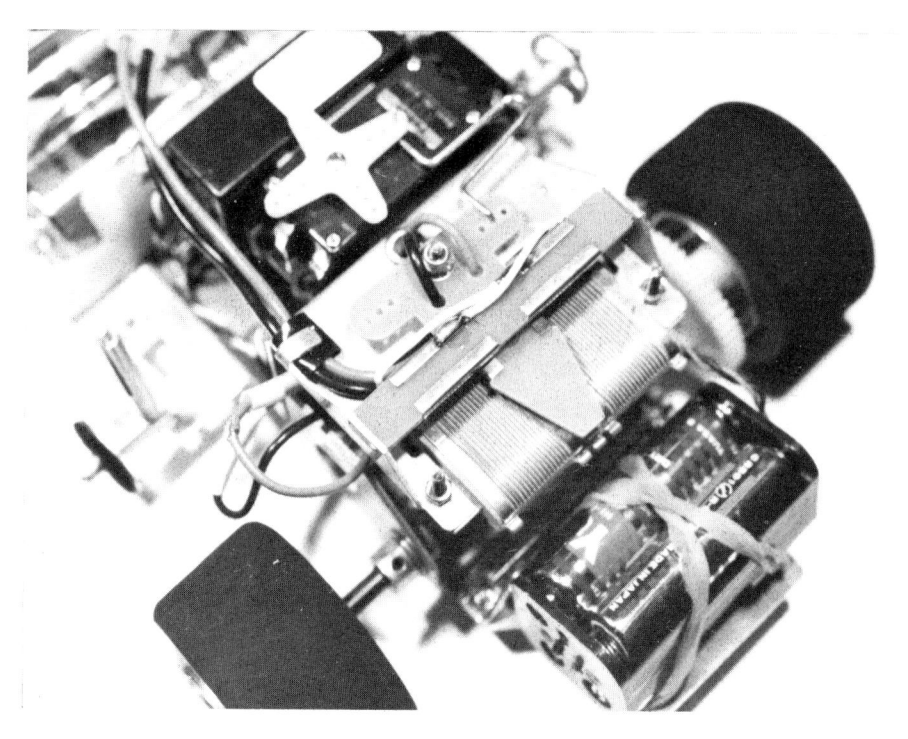

Bild: 4.2.4/1

fahren eine große Rolle spielt, wird beim E-Fahrzeug elektrisch durch kurzes Umschalten des entsprechenden Steuerknüppels am Sender von vorwärts auf rückwärts und beim V-Motor-Fahrzeug mechanisch über das Drosselgestänge des Motors ausgelöst.

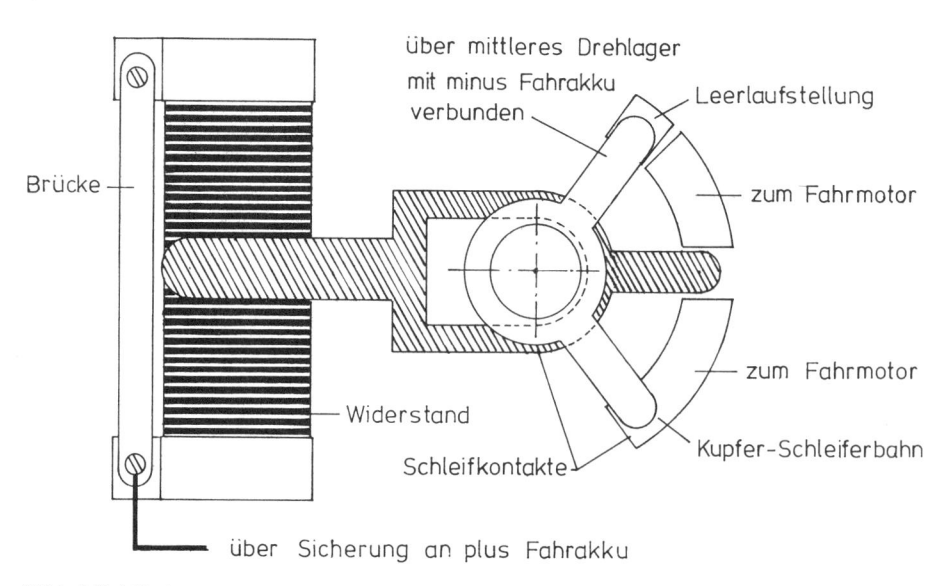

Bild: 4.2.4/1-1

- zum Fahrmotor

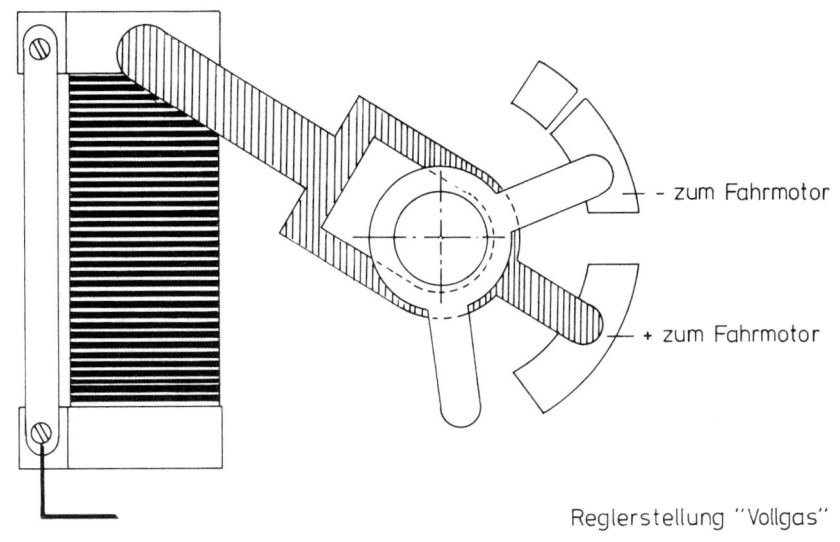

+ zum Fahrmotor

Reglerstellung "Vollgas"

Bild: 4.2.4/1-2

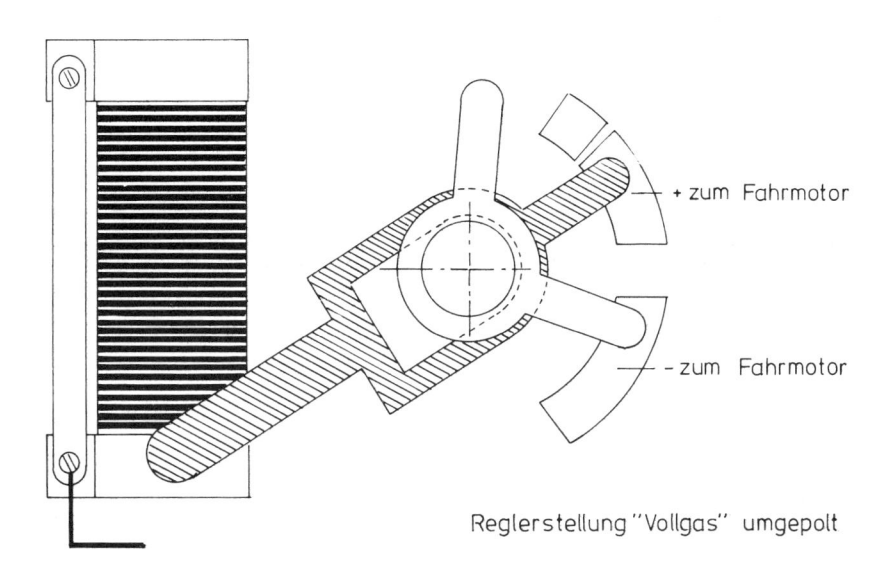

+ zum Fahrmotor

- zum Fahrmotor

Reglerstellung "Vollgas" umgepolt

Bild: 4.2.4/1-3

Da das E-Fahrzeug bei dem durch das Umschalten von vorwärts auf rückwärts bedingte ruckartige Blockieren der Räder besonders in den Kurven zum Ausbrechen und Schleudern neigt – diese Reaktionen sind bei Wettbewerbsfahrern gefürchtet – überbrückt man neuerdings mit Hilfe eines vom Fahrtregler in seiner Nullstellung zugeschalteten festen oder regelbaren Widerstandes (Bild 4.2.4/3) die Motoranschlüsse und schließt den Motor damit, dem Widerstandswert entsprechend, mehr oder weniger kurz.

Bild: 4.2.4/1-4

Kabelbrücke als Kurzschlußbremse

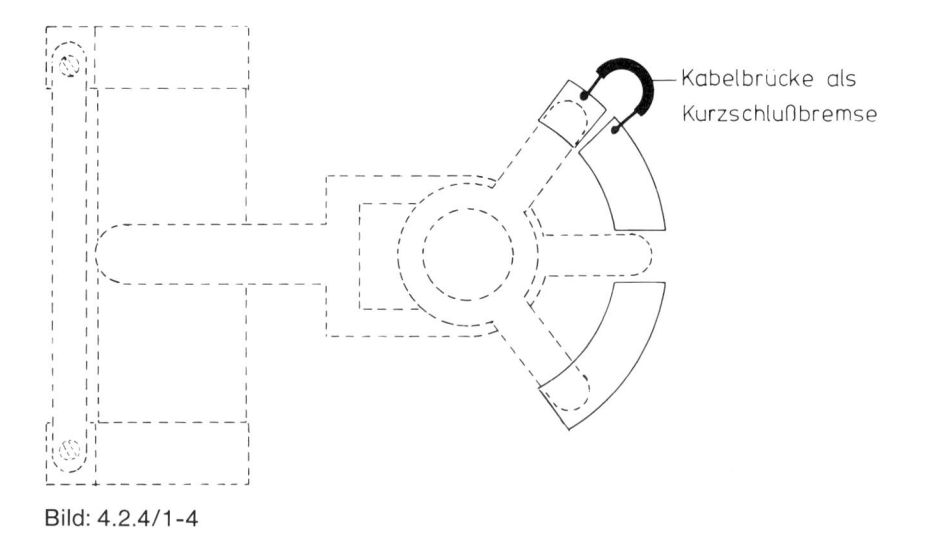

Die Bremse des V-Motor-Cars wird dadurch betätigt, daß man mit dem Drossel-Servo gleichzeitig mit dem Drosselgestänge das Bremsgestänge, wenn auch mit einer Verzögerung, bewegt. Die Drehzahl des Motors verringert sich dabei soweit, bis er auskuppelt. Drosselt man noch weiter, wird das Bremsband oder die Scheibenbremse (Bilder 4.2.4/4 – /7) angezogen.

Im V-Motor-Car sollte bei Verwendung eines Bremsbandes, das sich durch Spannen fest um eine entsprechende Scheibe oder Trommel legt und dadurch das Fahrzeug bremst, auf jeden Fall eine ausreichend große separate Bremstrommel, die auf der Hinterachse oder am Zahnrad befestigt wird, eingesetzt werden und nicht die Kupplungsglocke, wie man es früher teilweise machte. Die Kupplungsglocke ist im Durch-

Bild: 4.2.4/2
Der Kupplungsset von PB, bestehend aus Schwungscheibe, Kupplungsglocke, Kupplungsbacken mit Spannring, Adapter und Kugellagern.

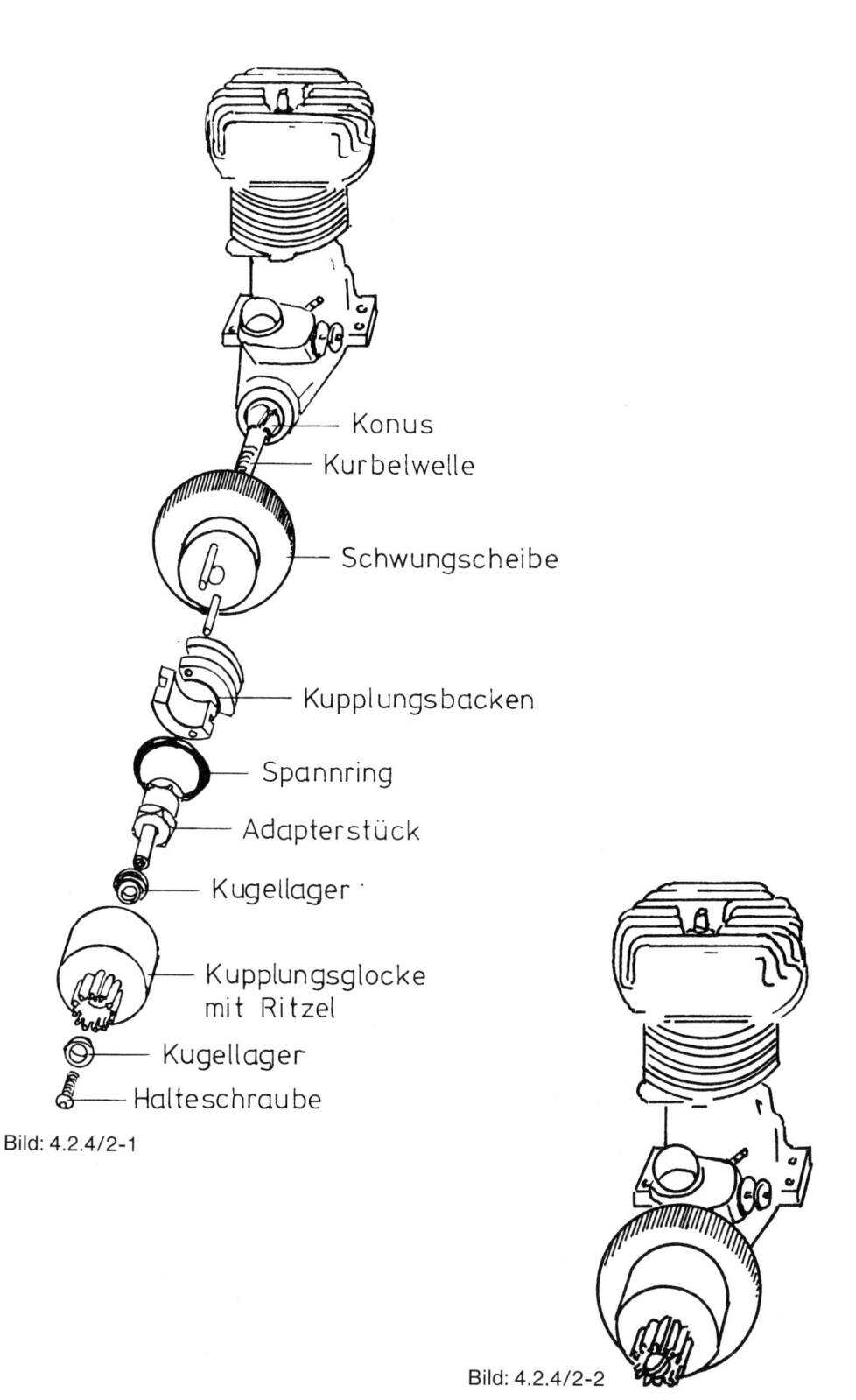

- Konus
- Kurbelwelle
- Schwungscheibe
- Kupplungsbacken
- Spannring
- Adapterstück
- Kugellager
- Kupplungsglocke mit Ritzel
- Kugellager
- Halteschraube

Bild: 4.2.4/2-1

Bild: 4.2.4/2-2

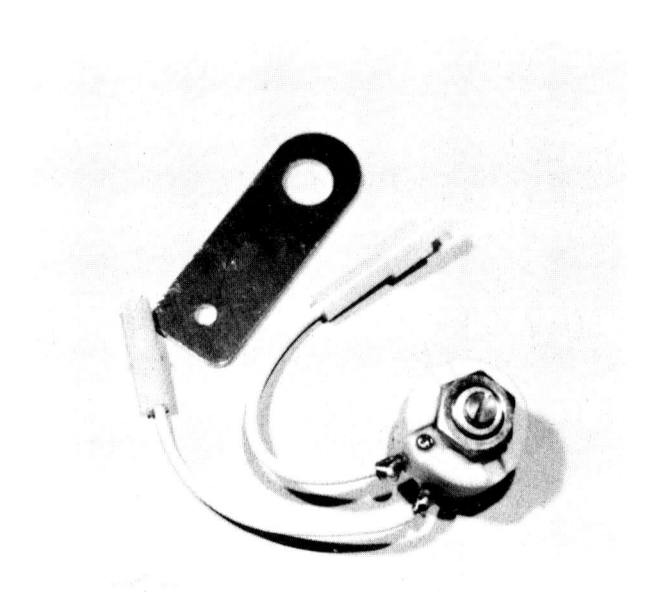

Bild: 4.2.4/3
Die regelbare Kurzschluß-
bremse, auch Reostat-
bremse genannt.

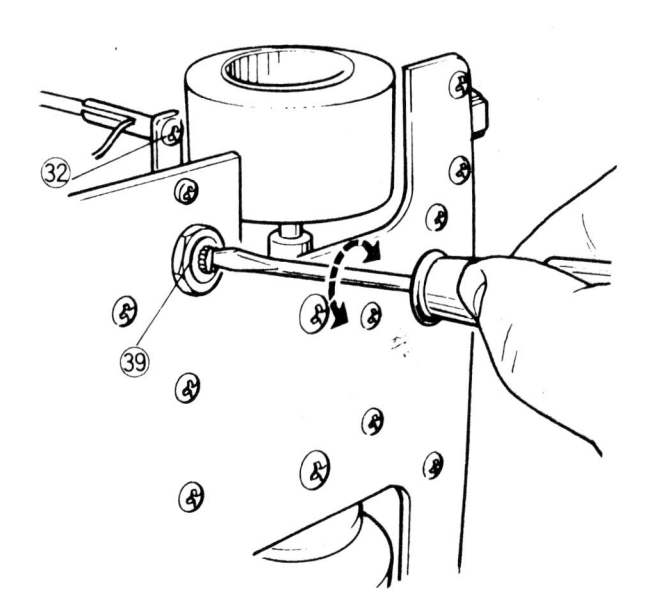

Bild: 4.2.4/3-1

messer zu klein und hat außerdem den Nachteil, daß sie, bedingt dadurch, daß sie auf der Kurbelwelle des Motors sitzt, zu hoch dreht. Eine Bremstrommel auf der Hinterachse dreht durch die übliche Untersetzung von ca. 1:5 erheblich niedriger und ist damit viel weniger verschleißfreudig.

Bild: 4.2.4/4

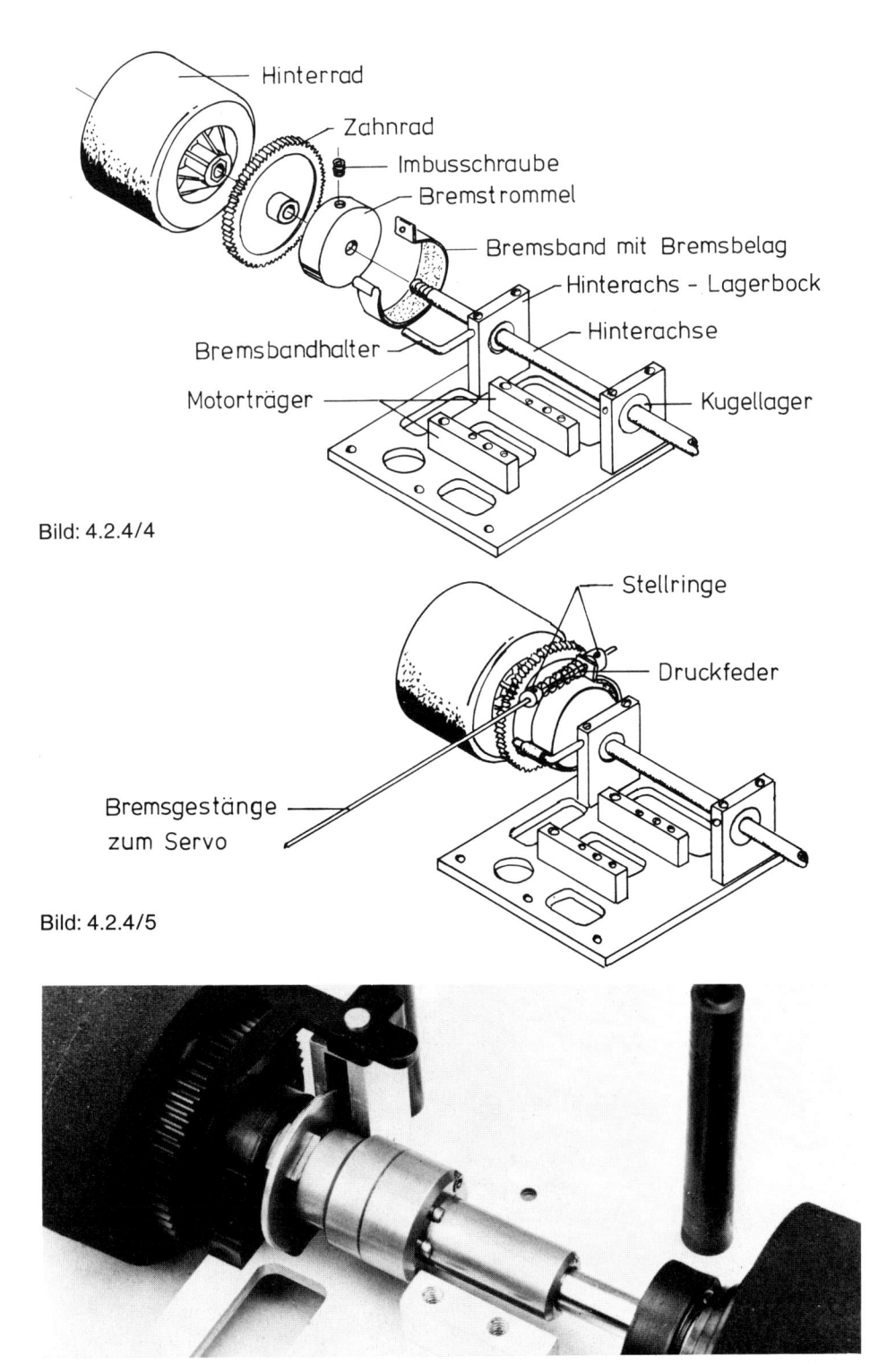

Bild: 4.2.4/5

Bild: 4.2.4/6   Die PB-Hinterachse mit Differential und Scheibenbremse.

Bild: 4.2.4/7
Die neue "offene" Scheibenbremse von PB. Der Vorteil dieser Bremse liegt darin, daß eindringender Schmutz im Gehäuse nicht mehr hängenbleibt.

Um den Stromverbrauch des Drossel-Servos, das ja die Funktion des Bremsservos mit übernimmt, möglichst niedrig zu halten, ist natürlich darauf zu achten, daß die Bremse selbstverstärkend also mit auflaufenden Backen (oder Bremsband) arbeitet (Bild 4.2.4/8).

So kompliziert, wie sich diese Vorgänge dazustellen scheinen, sind sie aber gottseidank nicht. Es bedarf nur einer sauberen Justierung der Gestänge.

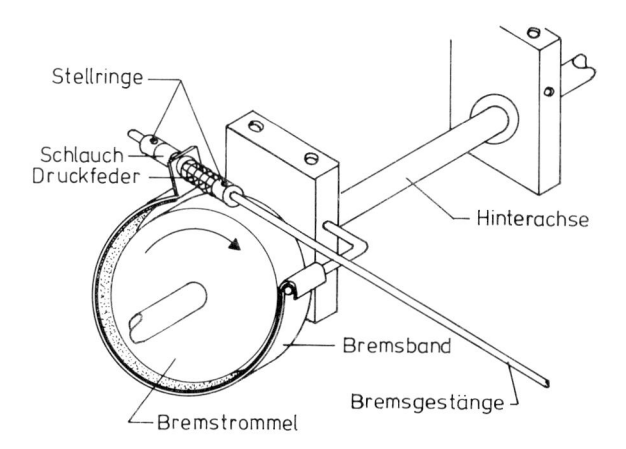

Bild: 4.2.4/8

5. Die Fernsteuerung und ihr Zubehör

Zur Steuerung der RC-Cars werden mindestens 2 Kanäle benötigt, von denen einer zur Betätigung der Lenkung (links und rechts) und der zweite für die Ein/Aus-Schaltung und Umpolung oder für die Geschwindigkeitsregelung des Elektromotors, bzw. zur Betätigung der Drosselvorrichtung bei Verbrennungsmotoren eingesetzt wird.

Die Anforderungen die beim RC-Car-Betrieb an die Fernsteuerung gestellt werden, sind nicht sehr hoch. Betriebssicher muß sie natürlich schon sein und auch weitgehend störsicher.

Da man auf der Verbraucherseite nicht selten meint, daß die Fernsteuerung für so ein kleines Automodell sehr billig sein muß, weil nur weinige Funktionen und auch nur eine sehr kurze Reichweite erforderlich sind, werden für diesen Verwendungszweck

Bild: 5/1   Die Graupner Varioprop C4 (27MHz), mit 2 Proportional-Kanälen, die beide über je einen Steuerknüppel zu betätigen sind. Beide Kanäle sind selbstverständlich trimmbar.

Bild: 5/2   Die Multiplex-Delta 2, ebenfalls eine 2-Kanal-Proportional-Anlage mit zwei Steuerknüppeln, die beide trimmbar sind.

weltweit fast nur die sehr einfachen japanischen Geräte angeboten, die in Deutschland dann Robbe-Kompakt, Robbe-Economic, Varioprop C6 oder C4 und Delta 2 oder ähnlich genannt werden. Sie erfüllen ihren Zweck vollauf.

Eine Ausnahme stellt die Firma Simprop mit ihrer kleinen 2 Kanal-Anlage dar, die in Deutschland gebaut wird und sogar auf 4 Kanäle ausgebaut werden kann. Ein weiterer Vorteil dieses Gerätes ist die Schmalbandigkeit nicht nur im Sender, wie es sonst üblich ist, sondern auch im Empfänger. Damit kann diese Anlage bedenkenlos zusammen mit anderen schmalbandigen (!) Geräten mit 10 KHz-Raster eingesetzt werden. Da aber die Mehrzahl der im Einsatz befindlichen RC-Car-Fernsteuerungen zumindest auf der Empfängerseite im 20KHz-Raster arbeitet, läßt sich praktisch, will man störungsfrei bleiben, nur der 20KHz-Raster nutzen.

Die Anschaffung einer Fernsteuerung betreffend, sollte man unbedingt darauf achten, daß das Gerät die Zulassung der deutschen Bundespost hat, wenn man keinen Ärger haben will. Die für die Lenkung von Auto- und Schiffsmodellen zugelassenen Geräte müssen auf der Geräterückseite eine eingeprägte FTZ-MF-Nr. haben und sind gebührenfrei. Geräte mit der alten FTZ-Nr. sind nur noch bis zum 31.12.1982 zuge-

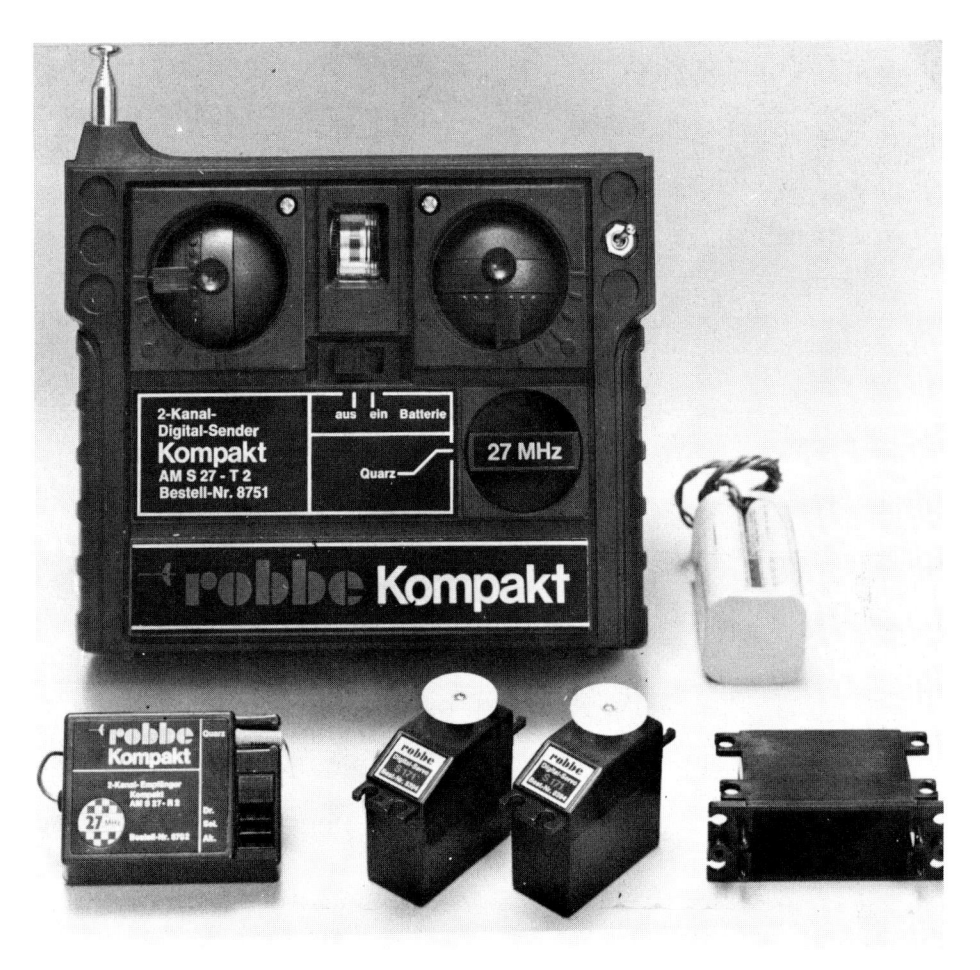

Bild: 5/3   Die Robbe-Kompakt 2-Kanal-Proportional-Anlage mit zwei Steuerknüppeln. Auch hier sind beide Kanäle trimmbar.

lassen, während Anlagen mit einer FTZ-FE-Nr. nur für den Modellflugbereich zugelassen und gebührenpflichtig sind.

Ebenso wichtig ist es, daß man für Reklamationen und Reparaturen einen erreichbaren Service angeboten bekommt. Vom Kauf eines Gerätes ohne Garantie möchte ich dringend abraten, da gerade RC-Autos starken Belastungen ausgesetzt sind. Mancher Verarbeitungsfehler zeigt sich erst im harten Fahrbetrieb. Was hat man dann davon, wenn man das Gerät zwar etwas billiger aber ohne Garantieleistung oder, was bei ausländischen Geräten, die in Deutschland nicht vertreten sind, passieren kann, sogar ohne jeglichen Service gekauft hat.

Bei den japanischen Geräten, die die eingeprägte Post-Zulassungs-Nr. auf der Gehäuserückseite haben, besteht natürlich, wie bei den in Deutschland gebauten, keine Schwierigkeit, weil die von einer deutschen Firma vertrieben und gewartet werden.

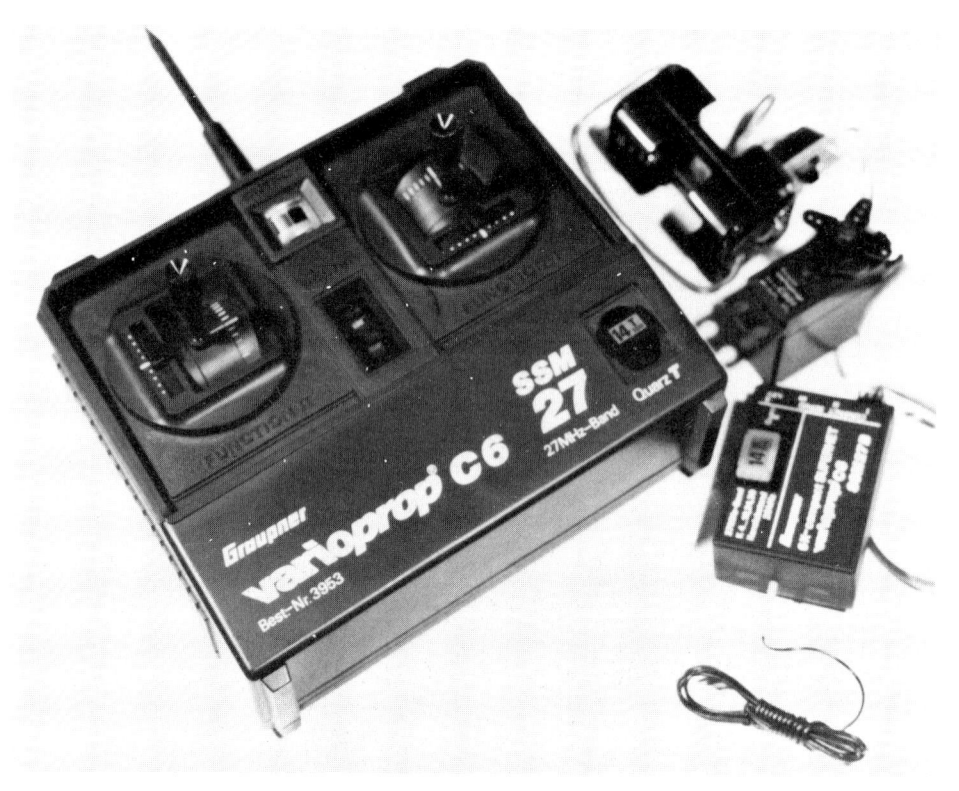

Bild: 5/4 Die Graupner Varioprop C6-Anlage hat zwei Proportional-Kanäle, die über je einen Steuerknüppel betätigt werden, und einen dritten Kanal, der als nichtneutralisierender Kanal an der rechten Seite des Sendergehäuses sitzt.

Bild: 5/5
Dieses Bild zeigt den dritten Kanal des Varioprop C6-Senders.

Die Bilder 5/1 – 5/3 zeigen einige der sehr verbreiteten und bewährten kleinen (preiswerten) AM-2Kanal-Fernsteuerungen, während die Bilder 5/4 und 5/5 solche Anlage mit einem zusätzlichen dritten Kanal und Bild 5/6 eine auf den Autobetrieb direkt ausgelegte 3 Kanal-AM-Anlage, die einen Drehknopf zum Steuern hat, zeigen.

Die Anlagen Robbe-Kompakt, PSW und Economic sowie Graupner C4 und Multiplex Delta 2 haben eine spezielle Drosselfunktion, die besonders vorteilhaft für den RC-Betrieb von Automodellen eingesetzt werden kann. Bei Einsatz dieser Funktion, die bei Graupner C 4 und Multiplex Delta 2 umgeschaltet und bei den Robbe-Anlagen umgerüstet werden kann, ergibt sich, von der Nullstellung des Drosselknüppels aus, in eine Richtung ein größerer Weg als in die andere Richtung. Das Verhältnis ist etwa 2/3 zu 1/3.

Bild: 5/6 Die Robbe Anlage "Race-3 PSW" ist eine speziell auf dem RC-Car-Betrieb ausgelegte 3-Kanal-Fernsteuerung auf dem 27 MHz-Band mit Drehknopfsteuerung.

Bild: 5/7   Die Multiplex-Europa-Sport (3 und 4 Kanal) FM-Anlage mit Drehknopf. Neuerdings ist auch ein Exponential-Drehknopf zu haben.

Bild: 5/8   Der Microprop-Pilot-Modul-Sender mit Drehknopf.

Bild: 5/9   Mit Hilfe dieses zusätzlich erhältlichen Drehknopfaufsatzes, läßt sich jeder Varioprop-Großsender auf Drehknopfsteuerung umstellen.

5.1. Der Einbau der Fernsteuerung

Der Einbau der Fernsteuerung kann sicher sehr unterschiedlich erfolgen, unterliegt aber gewissen von der Vernunft bestimmten Regeln. Ganz abgesehen vom Schwerpunkt des Modells, der natürlich möglichst tief – beim Heckantrieb kurz vor der Antriebsachse und beim Frontantrieb kurz hinter der Antriebsachse – liegen sollte, da dadurch das Fahrzeug besser steuerbar wird und die Kraftübertragung vom Antriebs-

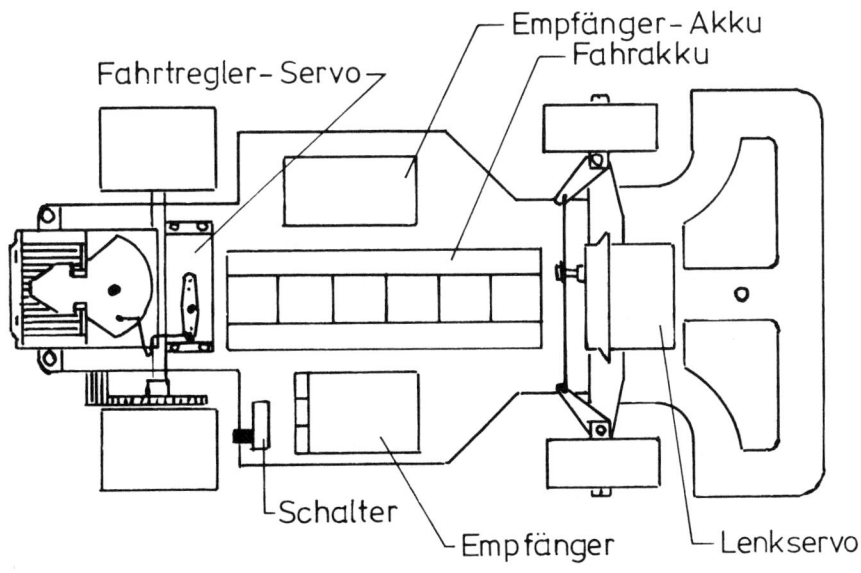

Bild: 5.1/1

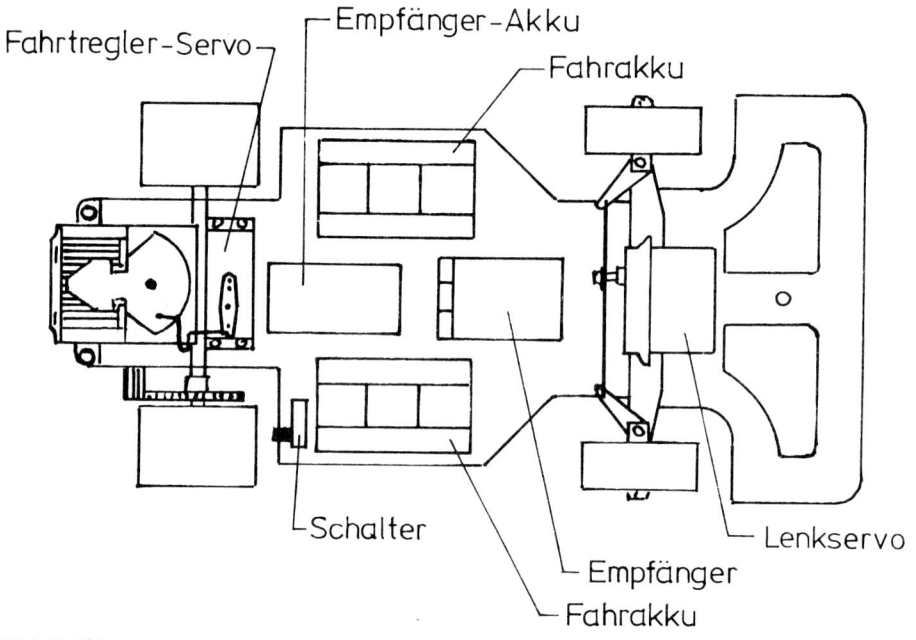

Bild: 5.1/2

motor auf die Fahrbahn verlustloser ist, so daß die Motorleistung optimal in Geschwindigkeit umgesetzt werden kann, wird sicher neben der Platzfrage eine stoßabsorbierende und schmutzgeschützte Anordnung der Fernsteuerungsteile bei dieser Überlegung eine wichtige Rolle spielen.

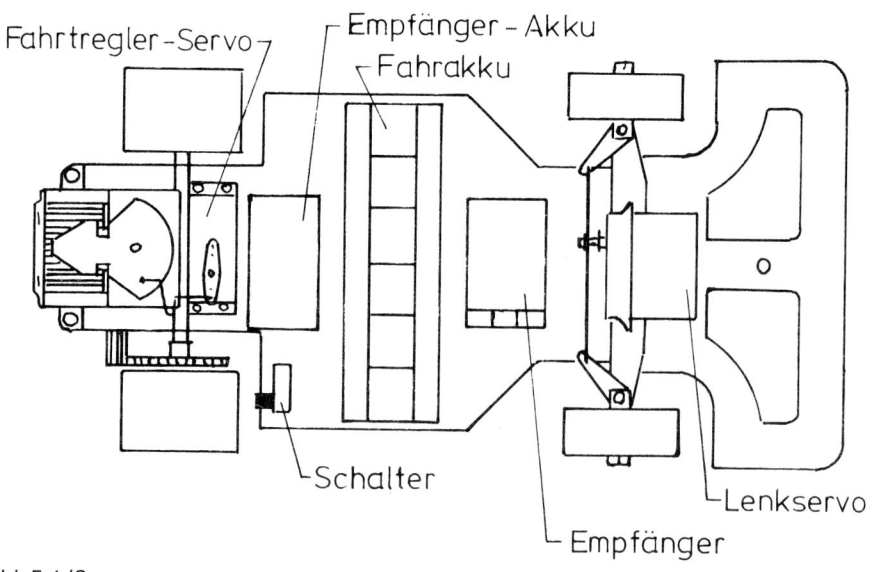

Bild: 5.1/3

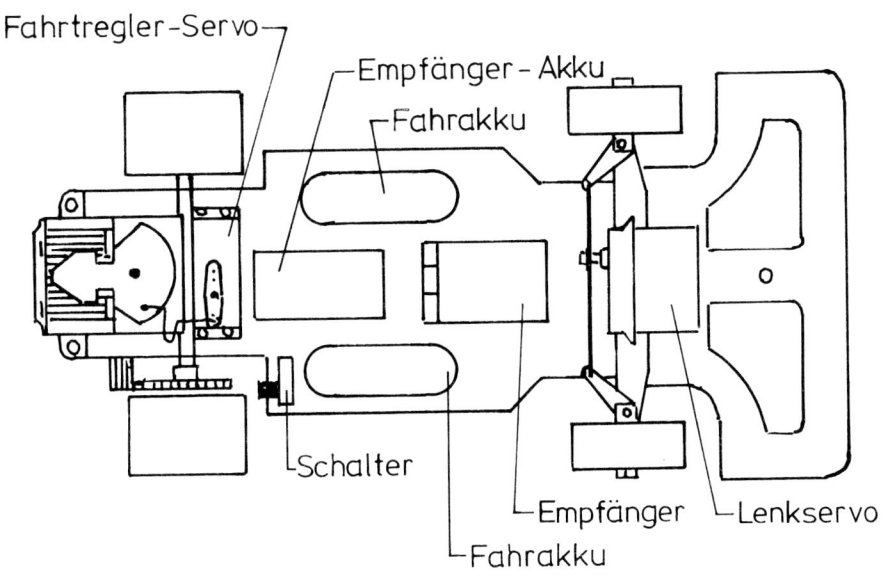

Bild: 5.1/4

Die Bilder 5.1/1 – 5.1/4 zeigen einige RC-Einbauvarianten, wie sie bei Modellen mit Heckantrieb üblich sind, während in Bild 5.1/5 der RC-Einbau in ein Frontantriebsfahrzeug gezeigt wird, wobei es sich in beiden Fällen um Fahrzeuge mit E-Antrieb handelt.

Die erkennbaren Anordnungen lassen sich natürlich sinngemäß auch auf Fahrzeuge mit Allradantrieb übertragen, wenn man darauf achtet, daß beide Achsen (da sie beide antreiben) etwa gleich belastet werden.

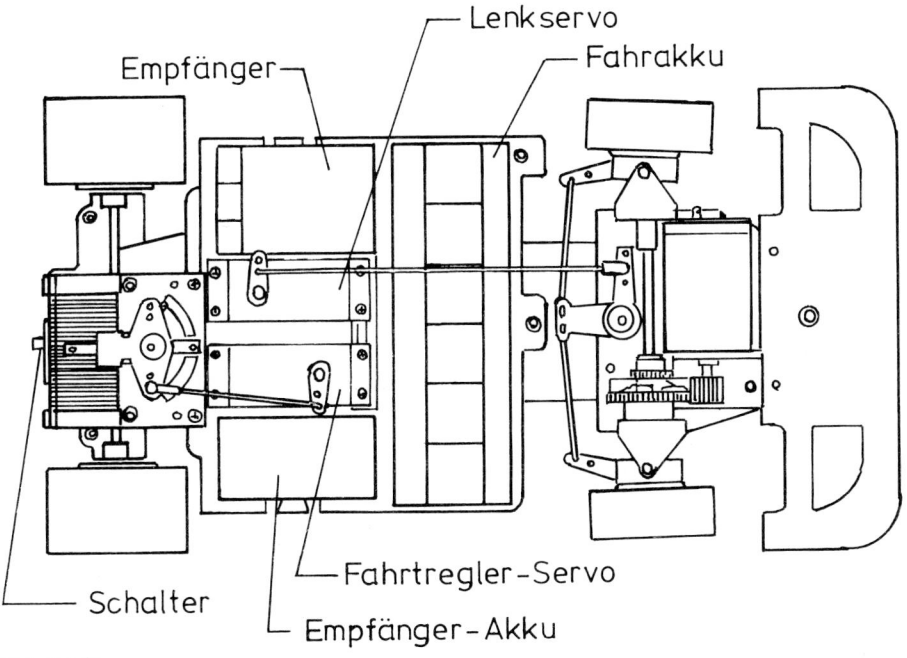

Bild: 5.1/5

Der Einbau der Fernsteuerung in Modelle mit Verbrennungsmotor erfolgt praktisch unter den gleichen Voraussetzungen wie im Elektro-Auto mit Servo-Überlastungsschutz. Statt der Fahrakkus muß hier natürlich der Treibstofftank entsprechend berücksichtigt werden.

Eine mögliche Fernsteuerungseinbau-Anordnung zeigt das Bild 5.1/6.

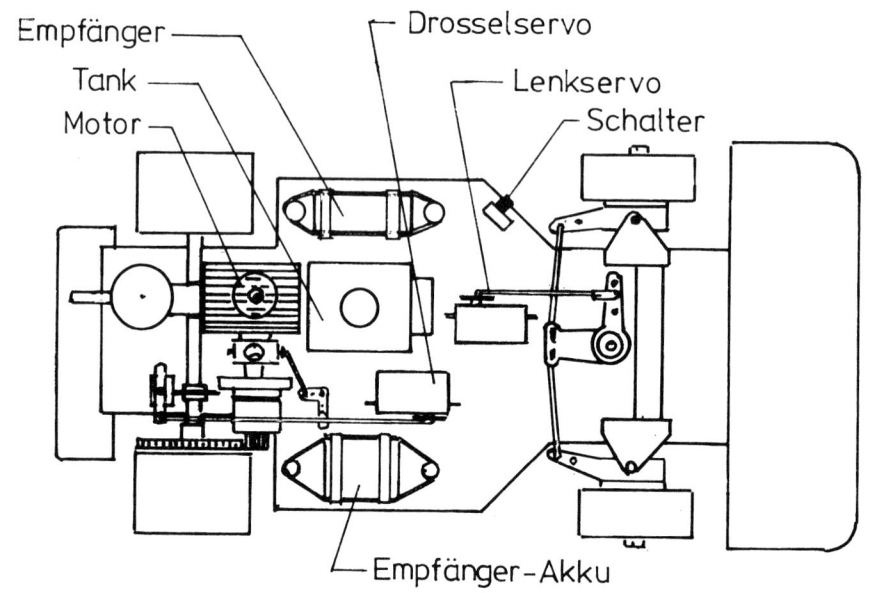

Bild: 5.1/6

5.1.1. Das Servo für die Lenkung

Das Servo für die Lenkung wird je nach Aufbau der Vorderachse sowie unter Berücksichtigung der gegebenen Platzverhältnisse sicher von Fahrzeug zu Fahrzeug unterschiedlich plaziert sein können. Da sich aber einige Anordnungen bewährt haben, kann man auch hier entsprechende Empfehlungen geben.

Bei den in einfachen RC-Cars mit E-Antrieb üblichen Vorderachskonstruktionen ohne Servo-Überlastungsschutz wird das Lenk-Servo, um Platz zu gewinnen, meistens vor die Vorderachse montiert und direkt mit der Spurstange verbunden (Bild 5.1.1/1+/2). Der Nachteil dieser Konstruktionen ist natürlich die hohe Belastung des Servos. Ausgebrochene Zähne im Servo-Getriebe sind dabei nicht selten die Folge.

Besser sind dann die Vorderachskonstruktionen mit Servo-Überlastungsschutz (den man auch Servo-Saver nennt), egal ob die Spurstange einteilig oder geteilt ist (Bild 5.1.1/3 – /6), der dann nachgibt, wenn die Stoßbelastung auf die Vorderräder einen bestimmten Wert überschreitet.

Da gerade das Lenk-Servo verständlicherweise besonderen Belastungen ausgesetzt ist, ist es sicher von Vorteil, wenn man hier ein Servo einsetzt, dessen Abtriebswelle kugelgelagert ist. Solche Servos werden mittlerweile von den meisten bekannten Fernsteuerungsherstellern angeboten. Wenn diese Servos auch merkbar teurer sind, an dieser Stelle lohnt sich ihr Einsatz ganz bestimmt.

Bild: 5.1.1/1

Servo

Klebestreifen

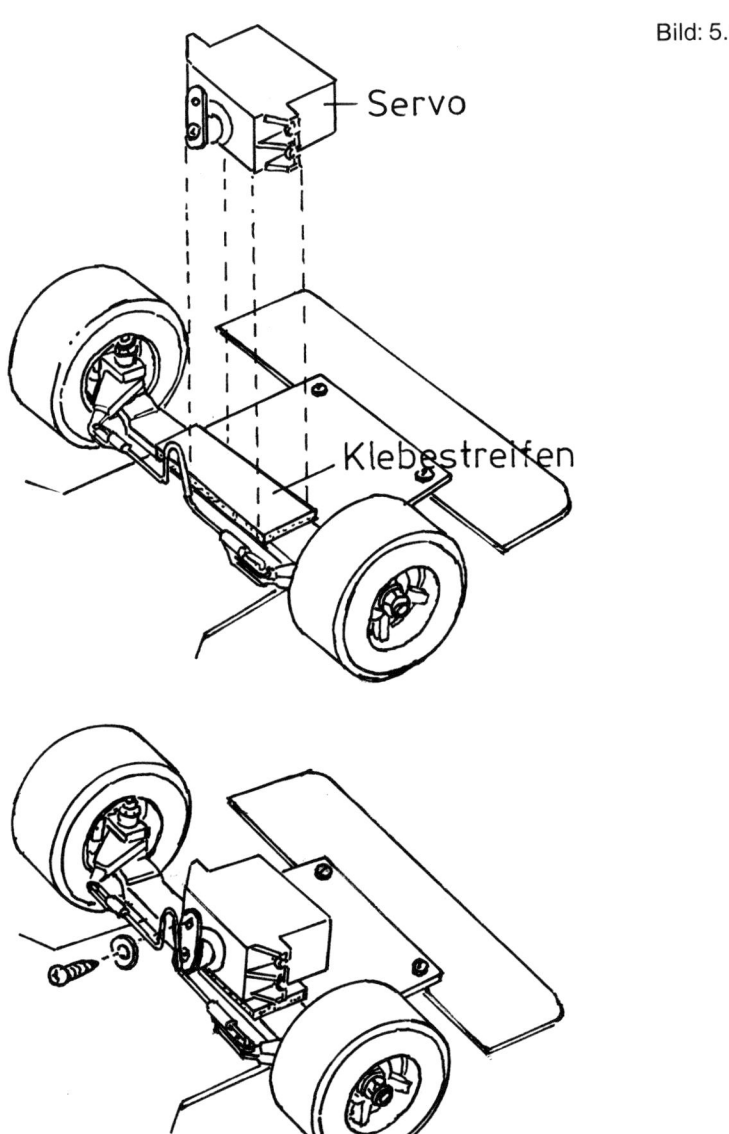

Bild: 5.1.1/2

Da gerade der Schutz vor Staub und Wasser für die Betriebssicherheit des ganzen Modells von großer Bedeutung ist und die Mechanik staub- und die Elektronik wasserempfindlich sind, muß auch etwas zum Abdichten des Servos getan werden, und zwar nicht nur beim Lenk-Servo. Wer gleich wasser- und staubdichte Servos zu seiner RC-Anlage genommen hat, braucht sich hier natürlich keine Gedanken mehr zu machen. Anders sieht es aber die Verwendung der normalen Servos aus. Aber auch das ist kein großes Problem. Zum Abdichten dieser Servos trägt ein Klebestreifen bei, den man über die Trennstellen der Gehäuseteile klebt.

Der Einbau der Servos erfolgt in Elektro-Fahrzeugen bei glattem Untergrund mit beidseitig klebendem Scotch-Mount-Klebeband oder mit entsprechenden Haltewinkeln aus Alublech oder Kunststoff. In Fahrzeugen mit Verbrennungsmotor sollte man den

Klebestreifen lieber nicht verwenden. Hier haben sich Haltewinkel oder die direkte Befestigung mit Schrauben auf der sogenannten "Radioplatte" besser bewährt. Die federnde Aufhängung wird durch den Einsatz von Gummitüllen erreicht.

Klebeband

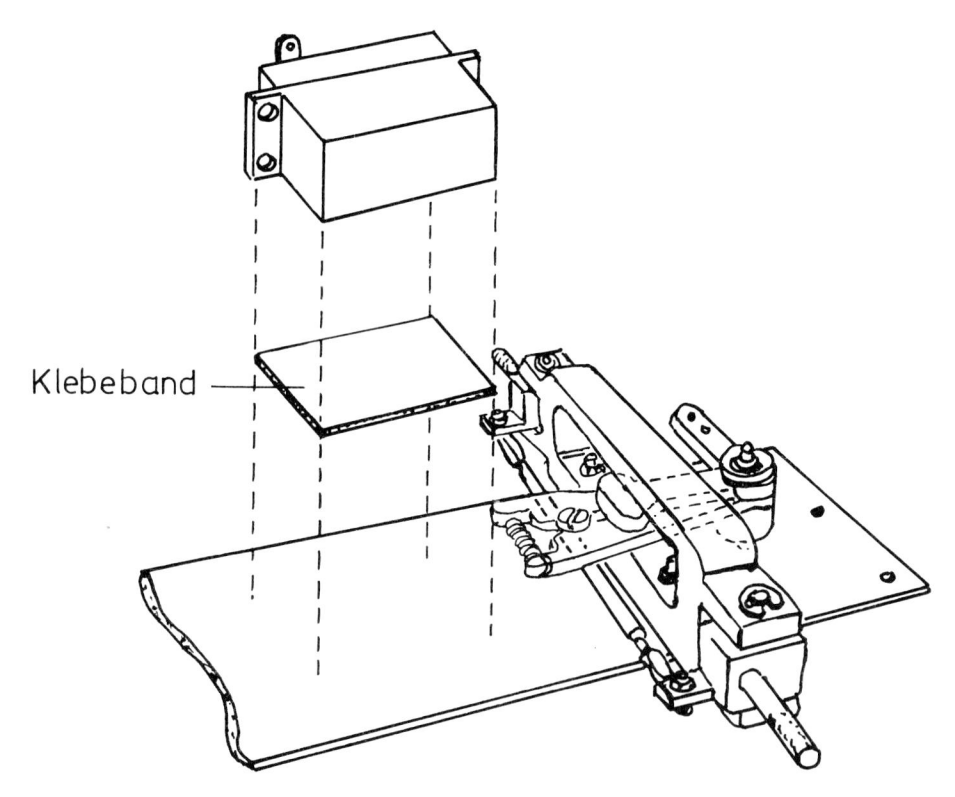

Bild: 5.1.1/3

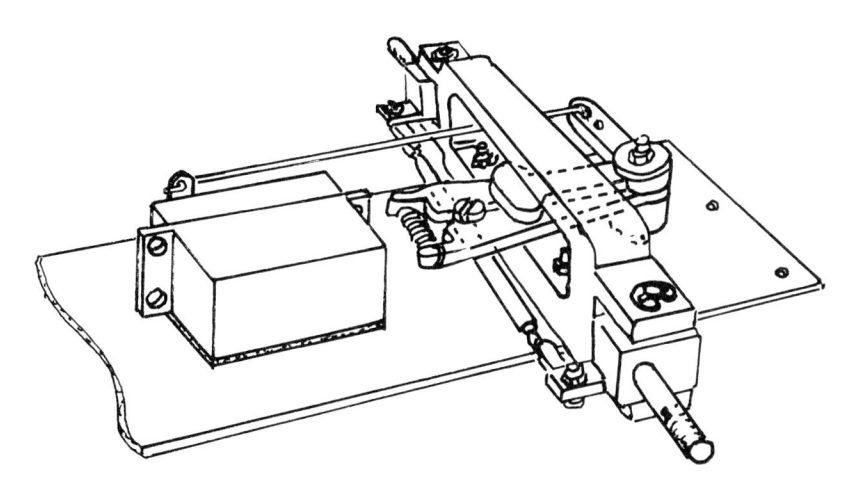

Bild: 5.1.1/4

Bild: 5.1.1/5

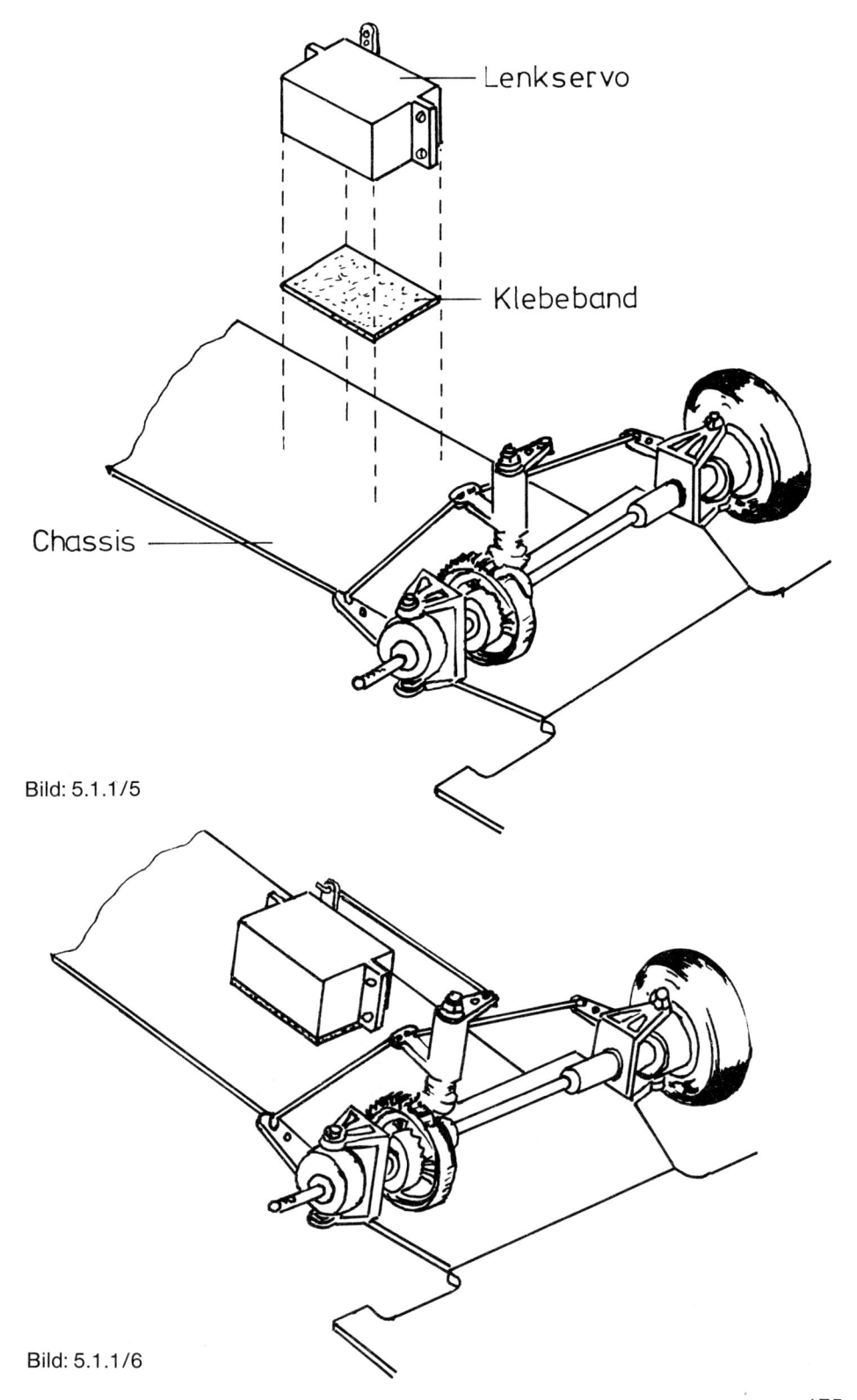

Bild: 5.1.1/6

175

Bild: 5.1.1/7

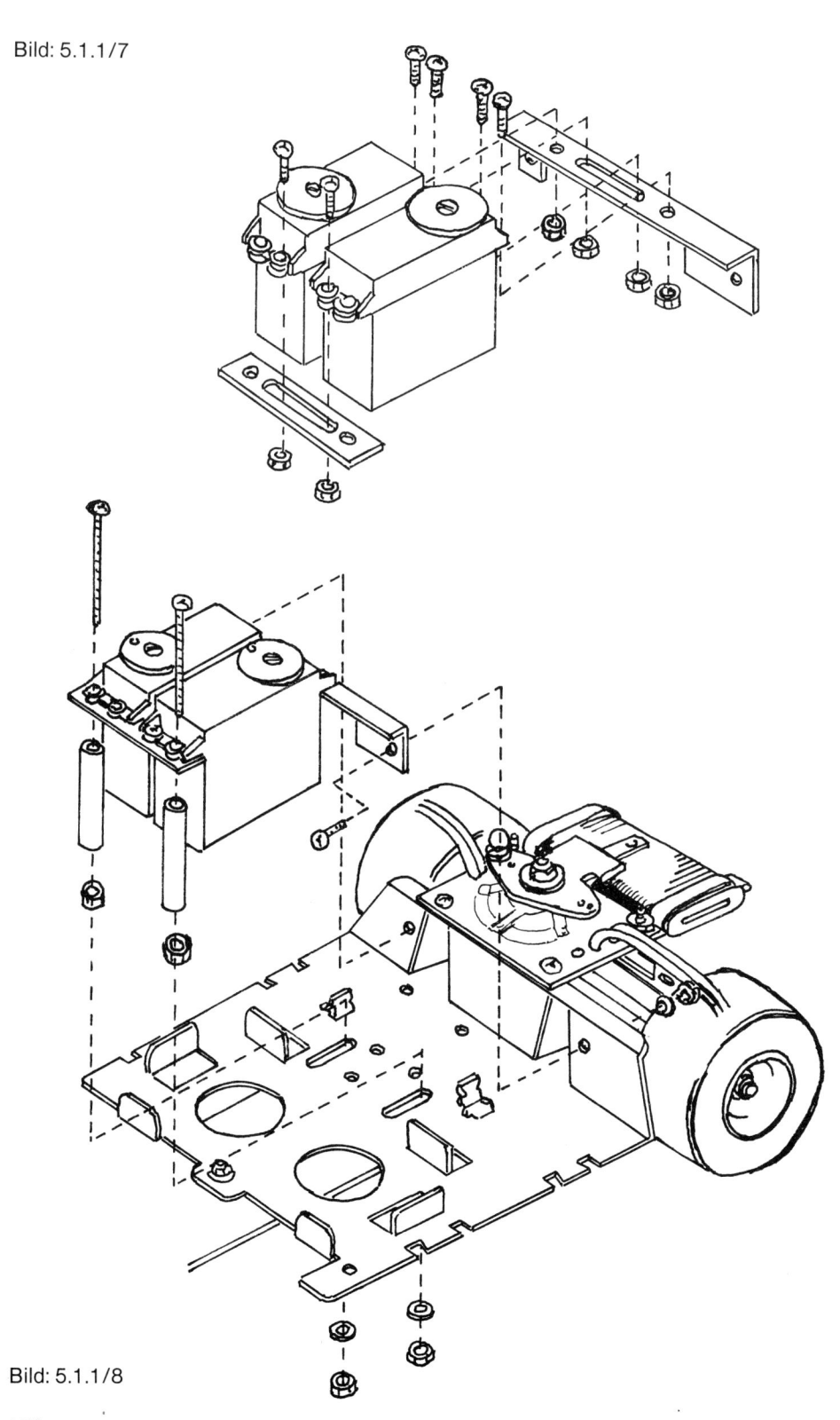

Bild: 5.1.1/8

Wie überall bestätigt auch hier die Ausnahme die Regel. Während allgemein die beiden Servos für die Lenkung und für die Drossel- oder Fahrtreglerfunktion an verschiedenen Stellen auf die Chassisplatte montiert werden, montiert man bei den Front-Speed-Cars von Graupner beide Servos auf den hinteren Teil des Chassis, direkt vor den Fahrtregler (Bild 5.1.1/7 und Bild 5.1.1/8).

5.1.2. Das Drossel- oder Fahrtregler-Servo

Das Servo für die Betätigung der Drossel im Fahrzeug mit V-Motor sollte, da es die Funktion des Brems-Servos mit übernimmt, möglichst kräftig sein, während das Fahrtregler-Servo in E-Fahrzeugen ein ganz einfaches Servo sein kann.

Der Einbau des Drossel- oder Fahrtregler-Servos erfolgt, wie schon beim Lenk-Servo beschrieben, ebenfalls mit Hilfe von beidseitig klebendem Klebeband, wenn es in ein Elektro-Fahrzeug kommt, oder mit entsprechenden Servohaltern oder Montagewinkeln im Fahrzeug mit V-Motor.

5.1.3. Der Empfänger-Einbau

Der Einbau des Empfängers in das Automodell gehört zu den "leichten Übungen", wenn es um die Fernsteuerungseinrichtung geht. Wichtig ist allein, daß der Empfänger möglichst stoß-, staub- und wassergeschützt untergebracht wird.

Aus diesen Überlegungen heraus hat es sich bewährt, den Empfänger möglichst weit hinten, aber noch vor der Hinterachse, unterzubringen.

Die Befestigung des Empfängers auf dem Chassis erfolgt am besten mit dem seit langer Zeit bewährten Scotch-Mound-Klebeband oder einfach mit Gummiringen (Bild 5.1.3/1+/2).

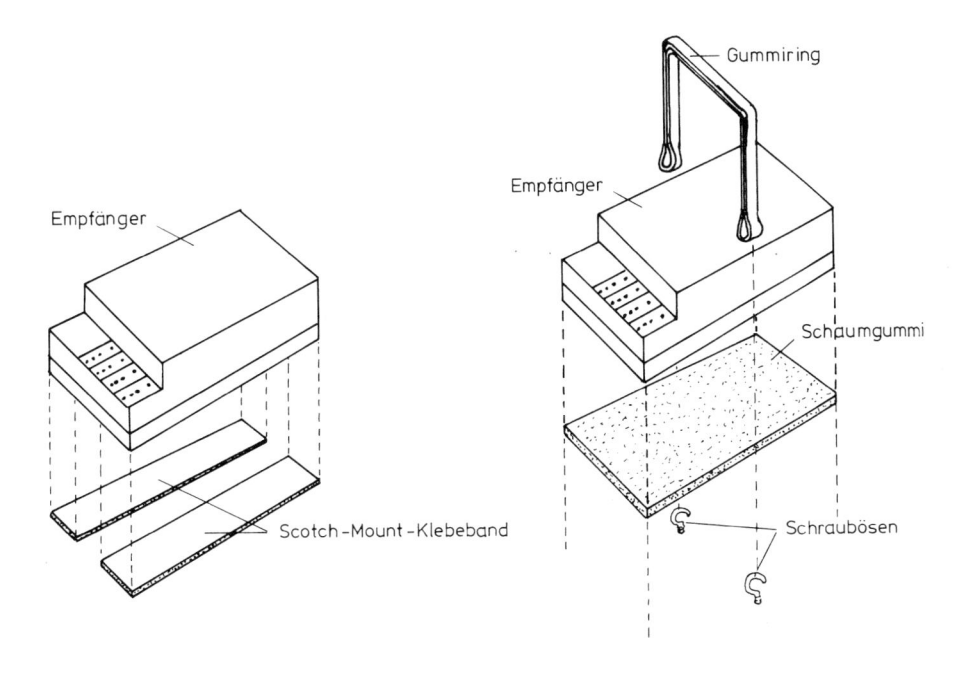

Bild: 5.1.3/1   Bild: 5.1.3/2

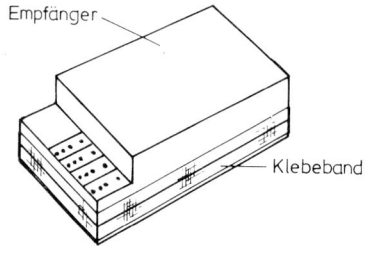

Bild: 5.1.3/3

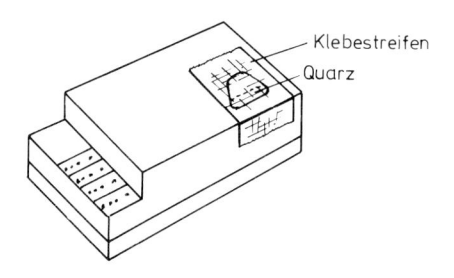

Bild: 5.1.3/5

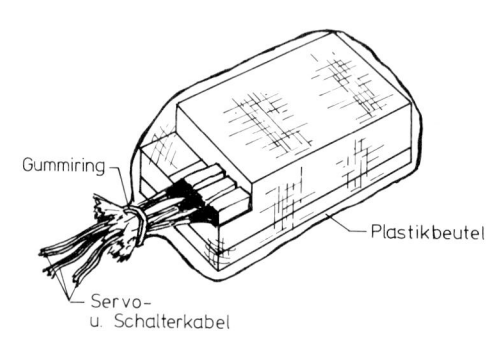

Bild: 5.1.3/4

Das Klebeband, das aus einem stoßabsorbierenden filzähnlichen Material besteht, das beidseitig eine selbstklebende Schicht hat, klebt auf allen glatten Flächen erstaunlich gut, sofern sie fettfrei sind.

Um den Empfänger vor Staub oder, was noch schlimmer ist, Wasser zu schützen, kann man ihn dort, wo die Gehäuseteile zusammenkommen, mit Klebestreifen zukleben (Bild 5.1.3/3) oder in einen Plastikbeutel einpacken (Bild 5.1.3/4). Bei Verwendung der Plastikbeutel-Hülle läßt sich der Empfänger natürlich nur noch mit Hilfe der Gummiringe und nicht mehr mit einem Klebeband im Modell befestigen.

Um den Quarz vor dem Herausfallen zu schützen und um Empfangsstörungen durch Wackeln des Quarzes vermeiden zu können, sollte über den Schacht für den Quarz ein Klebestreifen so geklebt werden, daß er möglichst die Lasche zum Anfassen des Quarzes mit festhält (Bild 5.1.3/5).

Die zur Erreichung der otpimalen Reichweite (insbesondere beim Flugbetrieb) am Empfänger befindliche Antennenlitze hat allgemein – bis auf die Antenne der Geräte mit 434MHz – 80-100 cm Länge. Da die damit mögliche Reichweite von etwa 1500 bis 2000 Meter beim Automodell aber nicht erforderlich ist, reicht eine Empfänger-Antennenlänge von ca. 30 bis 50 cm vollkommen aus.

Im Gegensatz zum Flugmodell, in dem man die Antenne als Stabantenne, als heraushängende Schleppantenne oder im Rumpf ausgestreckt liegend einbaut, sollte die Empfangsantenne im Automodell grundsätzlich als Stabantenne, also senkrecht stehend, eingebaut werden.

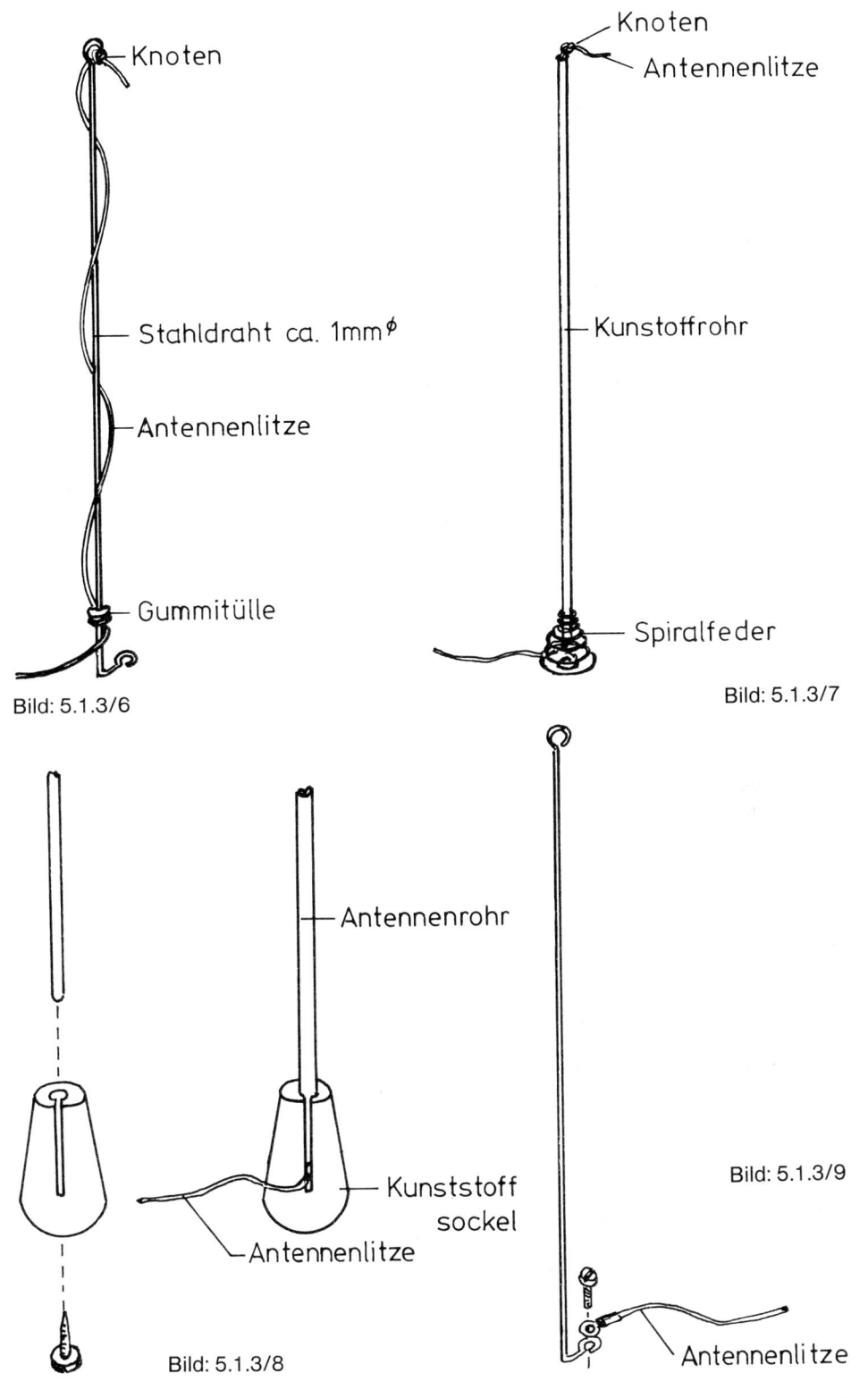

Bild: 5.1.3/6 — Knoten, Stahldraht ca. 1mm ⌀, Antennenlitze, Gummitülle

Bild: 5.1.3/7 — Knoten, Antennenlitze, Kunststoffrohr, Spiralfeder

Bild: 5.1.3/8 — Antennenrohr, Kunststoffsockel, Antennenlitze

Bild: 5.1.3/9 — Antennenlitze

Das Bild 5.1.3/6 zeigt eine einfache Stabantennenausführung, die den Vorteil hat, daß die am Empfänger befindliche Antennenlitze nicht gekürzt oder unterbrochen werden muß. Die Litze wird einfach um einen senkrecht stehenden Stahldraht gewickelt und oben an eine Öse des Drahtes (die auch vor Verletzungen schützt) geknotet. Der Stahldraht wird auch unten mit einer Öse versehen und abgewinkelt, so daß er mit einer Schraube am Chassis befestigt werden kann. Die Antenne im Bild 5.1.3/7 ist insofern etwas eleganter, als sie, statt um einen stützenden Stahldraht, durch ein Kunststoffrohr geführt wird. Damit sie nicht aus dem Rohr rutschen kann, macht man in das obere Ende der Litze einen Knoten. Das Kunststoffrohr, das möglichst aus dem besonders belastbaren Polyamid sein sollte, wird unten in einer ans Chassis geschraubten Spiralfeder oder in einem entsprechenden Sockel gehalten (Bild 5.1.3/8).

Auch hier bleibt die Antennenlitze ohne Unterbrechung erhalten.

Selbstverständlich läßt sich auch ein Stahldraht von ca. 1mm Stärke direkt als Stabantenne einsetzen (Bild 5.1.3/9). Der große Nachteil dieser Antennenversion ist aber, daß die Antennenlitze dazu einige Zentimeter hinter dem Empfänger abgeschnitten und über eine Steckverbindung oder durch anlöten an den Stahldraht mit der Stabantenne verbunden werden muß.

Sofern überhaupt Steck- oder Lötverbindungen erforderlich sind, müssen sie kontaktsicher sein. Wackelkontakte verderben den ganzen Spaß am Fernlenken.

Hat das Fahrzeug ein Metallchassis, dann muß diese Stabantenne natürlich auch noch vom Chassis isoliert werden.

5.1.4. Empfänger-Akku und Schalter

Das Unterbringen des Empfänger-Akkus im Automodell hat zumindet unter zwei Gesichtspunkten zu erfolgen: 1. geht es um das Gewicht und 2. darum, daß der Akku möglichst nicht beschädigt wird.

Da der Akku schon ein merkbares Gewicht auf die Waage bringt, spielt er natürlich eine wichtige Rolle beim Ausbalancieren des Autos. Seine Plazierung beeinflußt außerdem den Schwerpunkt des Fahrzeuges nicht unbeträchtlich.

Damit der relativ schwere Akku sich während der Fahrt – z.B. in einer scharfen Kurve – nicht selbständig machen kann, muß er gut befestigt werden. Wenn die modernen Nickel-Cadmium-Akkus auch mechanisch sehr robust sind, der Einsatz im Automodell kann ihnen doch ganz schön zusetzen und im ungünstigsten Falle sogar die Zellen zerstören. Um dem aus dem Wege gehen zu können, sollte der Akku unbedingt gut in Schaumgummi eingepackt werden.

Sehr gut hat es sich bewährt, den Akku auf kräftiges Schaumgummi zu legen und mit Gummiringen fest ans Chassis zu binden (Bild 5.1.4/1 und 5.1.4/2) oder den in Schaumgummi eingewickelten Akku mit Gummiringen zwischen zwei auf dem Chassis befestigten Kunststoffpfosten aufzuhängen (5.1.4/3).

Der Ein- und Ausschalter für den Empfänger sollte so am Chassis befestigt werden, daß er ohne Lösen der Karosserie leicht erreichbar ist und soweit wie möglich vor Schmutz geschützt wird. Die Befestigung kann mit Schrauben oder auch nur mit doppelseitig klebendem Klebeband erfolgen.

Bild: 5.1.4/1

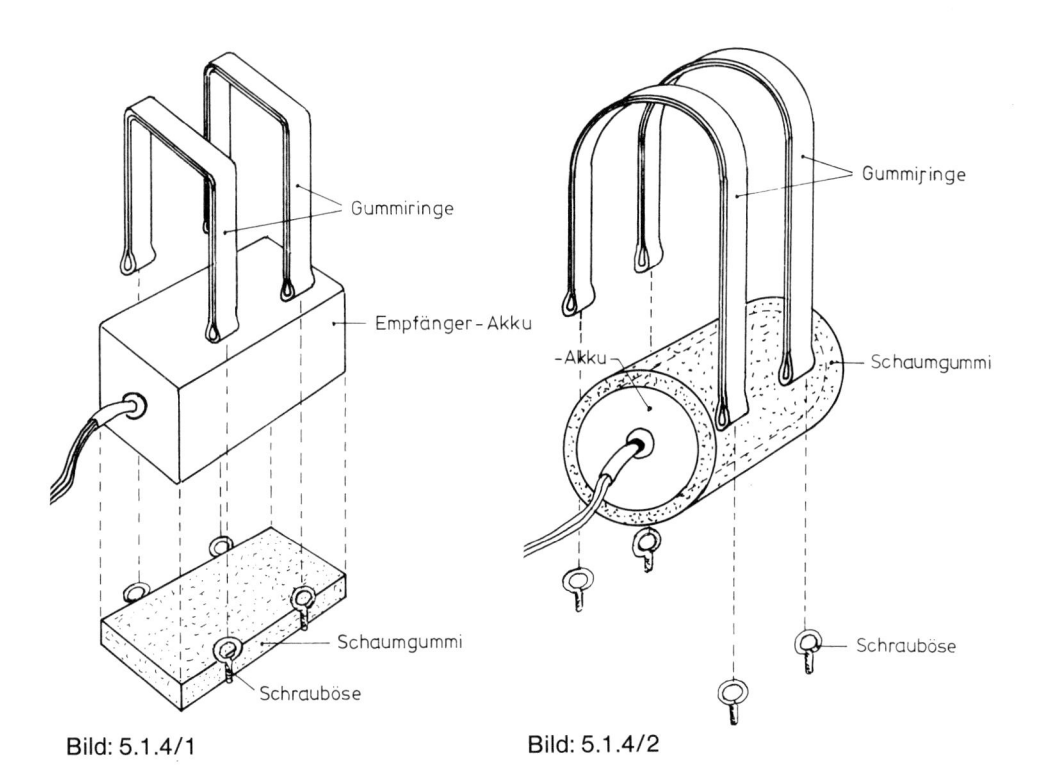

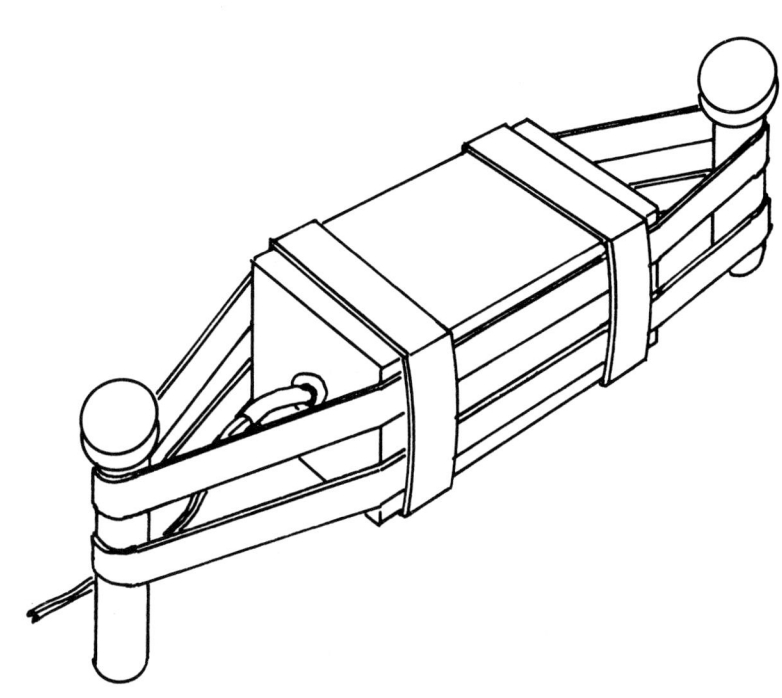

Bild: 5.1.4/2

Bild: 5.1.4/3

181

6. Die Fahrstrecke

Abgesehen von geländefähigen Fahrzeugen wie Buggys, Jeeps oder Stockcars, die auf unebenem Boden fahren können, haben unsere RC-Cars nur sehr wenig Bodenfreiheit und benötigen deshalb eine ebene, feste Fahrbahn. Gut asphaltierte oder betonierte Parkplätze eignen sich schon recht gut für den Betrieb mit diesen Modellen. Probleme gibt es natürlich dann sofort, wenn man ein RC-Automodell mit Verbrennungsmotor in der Nähe von Wohnhäusern fahren läßt. Das Motorgeräusch wird schnell mindestens einen Anwohner auf die Bildfläche rufen, der sich gestört fühlt und mit der Polizei droht, wenn man nicht umgehend aufhört. Auch wenn sich ausgerechnet der Anwohner beschwert, der jeden Sonntagmorgen seinen alten und schon viel zu lauten Rasenmäher stundenlang über seine Wiese schiebt. Wenn er sich gestört fühlt und die Polizei ruft, ist es aus mit dem ferngelenkten Autofahren.

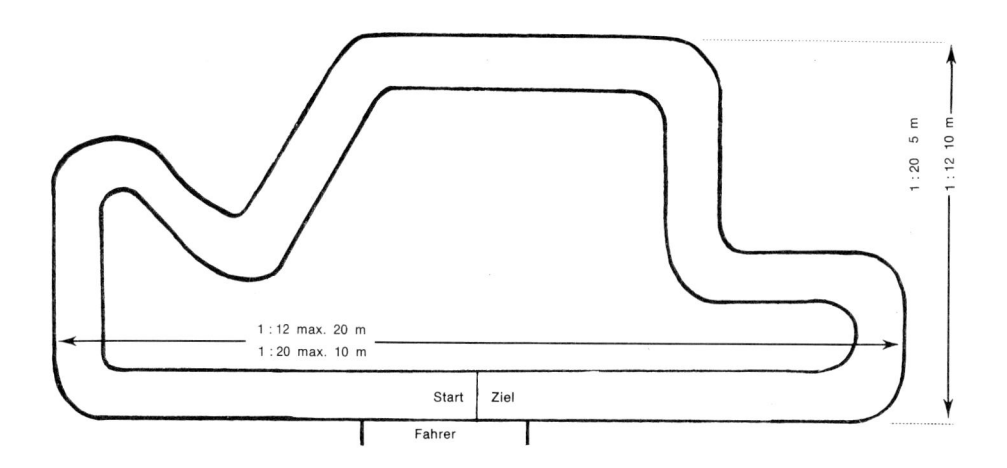

Bild: 6/1

Mit vernünftiger Schalldämpfung kann man aber sicher in angemessener Entfernung von Wohnhäusern sein Modell fahren lassen. Die Möglichkeiten, den Motor zu dämpfen, sind für den, der wirklich bereit ist, sein Auto leise zu machen, schon recht gut, wenn sie auch etwas mehr Kosten verursachen. Es gibt für jeden Motor passende Schalldämpfer und Resonanzrohre. Sogar Nachschalldämpfer, als Schalldämpfer, die man hinter den normalen Schalldämpfer anbringt, werden angeboten.

Elektro-Fahrzeuge haben mit dem Lärm natürlich keine Probleme. Die ebene Fahrstrecke benötigen sie aber auch, sofern es sich um Rennfahrzeuge handelt.

Als Fahrstrecke kann man sich, wenn es die vorhandene Fläche zuläßt, anfangs ein einfaches Oval mit Kreide aufzeichnen oder mit irgendwelchen Gegenständen wie Bierdeckel oder Coladosen markieren, wenn der Platz nicht permanent für den RC-Autobetrieb zugelassen ist. Später kann man dann, mit zunehmender Routine, die Fahrstrecke immer komplizierter machen und Schikanen einbauen.

Eine von der Firma Robbe für E-Fahrzeuge im Maßstab 1:20 oder 1:12 empfohlene Fahrstrecke zeigt das Bild 6/1, während Bild 6/2 die Fahrstrecke zeigt, auf der 1979 die Weltmeisterschaft der ferngelenkten Verbrennungsmotor-Automodelle in Genf ausgetragen wurde.

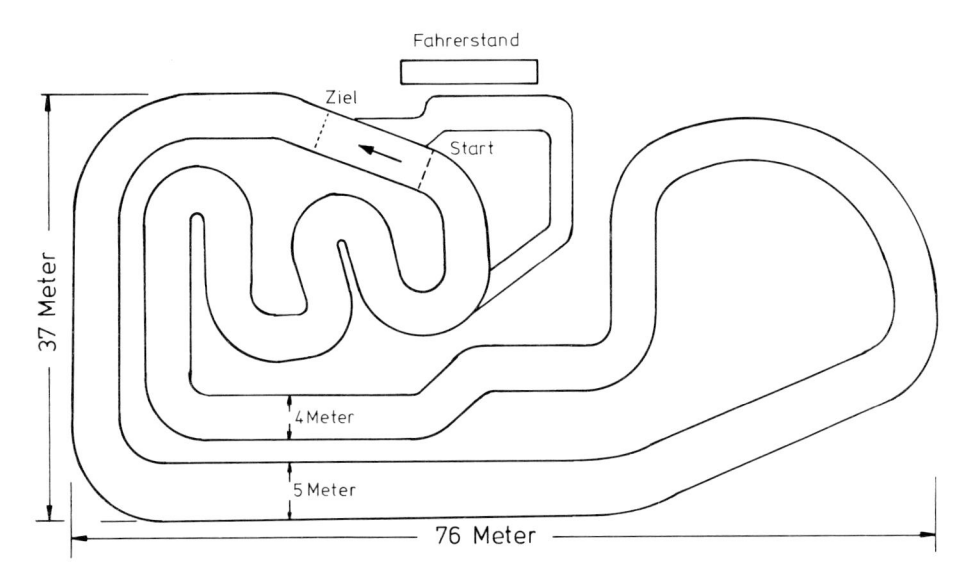

Bild: 6/2

7. Das Fahrverhalten

Da unsere RC-Automodelle – nicht nur die Rennwagen, sondern auch Buggys usw. – erstaunlich schnell sind, ist es zu empfehlen, für die ersten Fahrversuche einen möglichst großen übersichtlichen Platz zu suchen, wenn man nicht schon nach der ersten Runde reparieren will. Ich übertreibe nicht, wenn ich behaupte, daß es einem ungeübten Fahrer passieren kann, daß sein Auto nach dem Gasgeben in Sekundenschnelle gegen das nächste Hindernis – einen Bordstein oder eine Hauswand – knallt, bevor er richtig begriffen hat, was geschah. Allein die sofortige Reaktion, schnell erst einmal zu bremsen, muß erst erlernt werden.

Auch die seitenrichtige Lenkung kann dem Fernlenk-Anfänger große Probleme bringen. Solange sein Modell von ihm wegfährt, ist alles klar. Erst auf der Rückstrecke, auf der dann links rechts ist und rechts links ist, wird er manches Mal der Verzweiflung nahe sein.

Bevor man sich daranwagt, mit anderen Wettbewerbe zu fahren, muß man das Fahrzeug unbedingt im Griff haben. Dazu gehört natürlich nicht nur das seitenrichtige Lenken oder das Bremsen, auch die Eigenheiten des Modells muß man kennen.

Da man damit rechnen kann, daß sich Automodelle ähnlich wie die Originale verhalten, muß man davon ausgehen, daß es Modelle gibt, die über- oder untersteuern und somit auch eine entsprechende Technik vom Fahrer verlangen.

Da das Übersteuern – bei dem es meistens dazu kommt, daß das Fahrzeug aus der Kurve geschleudert wird und sich dabei um seine eigene Achse dreht – durch einen zu großen Radausschlag im Verhältnis zur Geschwindigkeit ausgelöst wird, sollte man den Lenkausschlag durch Umhängen des Gestänges am Lenkservo oder am Anlenkarm des Servo-Überlastungsschutzes entsprechend verkleinern.

Das Untersteuern – in der Praxis das kleinere Übel, da es mit der Lenkung besser beherrschbar ist – wird dadurch verursacht, daß die Vorderräder die Bodenhaftung verlieren, während die Hinterräder (beim Heckantrieb) noch greifen.

Das Fahrzeug schiebt dann trotz entsprechendem Radeinschlag in einem erheblich größeren Kurvenradius als gewünscht und kommt in engen oder schmalen Kurven von der Fahrbahn ab.

Bei gleichmäßiger Gewichtsbelastung auf allen vier Rädern und bei entsprechender Reifenwahl, die erst durch Experimentieren getroffen werden kann, läßt sich ein fast ideales Fahrverhalten erreichen. Da dann die Vorder- und Hinterräder ihre Bodenhaftung gleich lange beibehalten, würde das Fahrzeug bei zu hoher Geschwindigkeit durch die entstehenden Zentrifugalkräfte seitlich versetzt (driftend) von der Fahrbahn getragen.

7.1. Das Zubehör

Neben den im Bausatz enthaltenen und für den Zusammenbau des Fahrzeugs erforderlichen Teilen, werden Tuning-Sets (siehe 3.6.) zur Verbesserung der Leistung sowie unterschiedlich harte und in der Griffigkeit voneinander abweichende Reifen an-

Bild: 7.1/1

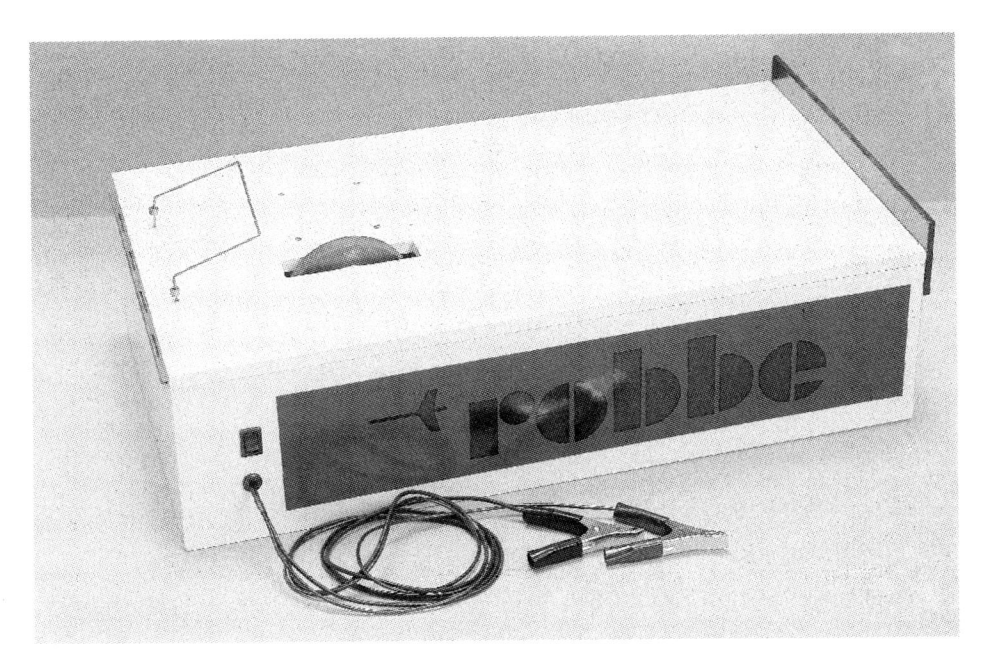

Bild: 7.1/2

geboten, die je nach Wetterlage und Fahrbahnbeschaffenheit eingesetzt werden können. Die Firma Robbe bietet sogar spezielle Regen-Überzugsreifen – sogenannte Capes – an, die bei Regenwetter auf alle Robbe Hinterreifen aufgezogen werden können.

Sehr wichtig ist das Zubehör natürlich, ohne das der ganze Fahrbetrieb überhaupt nicht möglich wäre. So wie beim RC-Car mit Elektromotor der Fahrakku und die Lademöglichkeit erforderlich sind, benötigt das Fahrzeug mit V-Motor auch einige Geräte, ohne die es einfach nicht funktioniert.

Wenn man den Verbrennungsmotor notfalls auch mit einem Riemen anreißen oder auf dem Hinterreifen eines auf den Kopf gestellten Fahrrades durch Drehen der Pedale anwerfen kann, eleganter ist der Start mit einem Elektrostarter (Bild 7.1/1). Besonders praktisch ist es, wenn man den E-Starter in eine sogenannte Startbox so einbaut, daß man durch Aufsetzen des Autos auf die Box einen Schalter drückt, der dann den Starter einschaltet, womit dann der Motor gestartet wird. Das Bild 7.1/2 zeigt eine solche Startbox, die von der Firma Robbe angeboten wird.

8. Das Reglement, Bestimmungen für die Modelle der einzelnen Klassen

A.) Klasse Sport

1. Das Modellfahrzeug muß dem Maßstab 1:8 innerhalb einer Toleranz von 10 % entsprechen. Sportfahrzeuge sind vollständig verkleidete Fahrzeuge wie Can-Am Autos oder FIA Gruppe 6 nachgebildet.

2. Kein Teil des Chassis, der Felgen und Reifen oder der Ausrüstung darf aus der Karosserie herausragen, außer nach hinten.

3. Andere Öffnungen in der Karosserie als sie beim Vorbild bestehen, sind auf ein Minimum zu beschränken. Für den Zugang zum Motor ist ein Ausschnitt nicht größer als 89 x 89 mm zugelassen. Ausschnitte für notwendige mechanische und elektrische Teile (Schalter, Antennen, Glühkerze, Kraftstoffilter) dürfen nur 13 mm weiter als diese Teile sein. Die Servos, der Empfänger, das Power-Pack und der Servo-Überlastungsschutz dürfen nicht aus der Karosserie herausstehen.

4. Der Hubraum des Motors darf max. 3,5 ccm betragen.

5. Der Tankinhalt darf max. 125 ccm betragen. Dies bezieht sich auf das Volumen des Tanks mit Anschlußschläuchen und Tankstutzen.

6. Abmessungen der Modellfahrzeuge:

a.	Radstand	271 bis 331 mm
b.	Breite (über alles)	267 mm max.
c.	Höhe	191 mm max.
d.	Länge	610 mm max.
e.	Reifenbreite	64 mm max.
		25 mm min.
	Reifendurchmesser vorne	65 mm min.
	hinten	70 mm min.
	Felgendurchmesser	54 mm max.

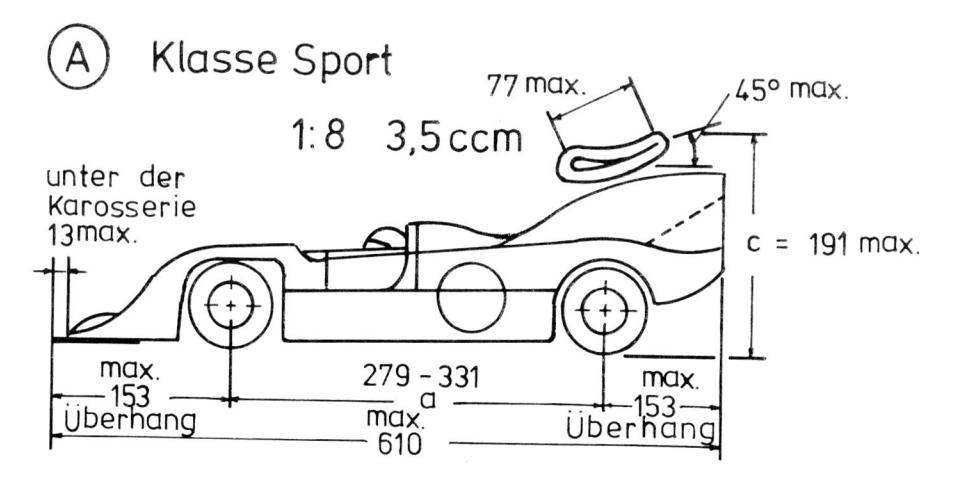

f. Maße für den Flügel
　　Breite　　　　　　　　　　　　　267 mm max.
　　Tiefe　　　　　　　　　　　　　　77 mm max.
　　Anstellwinkel　　　　　　　　　　45° max.
g. Maße für Spoiler
　　Höhe　　　　　　　　　　　　　 39 mm max.
　　Länge　　　　　　　　　　　　　51 mm max.
h. Maße für die Leitbleche
　　Länge　　　　　　　　　　　　　153 mm max.
　　Höhe　　　　　　　　　　　　　 39 mm max.
　　oder maßstabsgerecht innerhalb 10 %
i. Rammschutzbreite: Der Rammschutz darf 7 mm seitlich aus der Karosserie hervorstehen, oder 267 mm, wenn dieses Maß kleiner ist.

B.) Klasse Formel

1. Das Modellfahrzeug muß dem Maßstab 1:8 innerhalb einer Toleranz von 10 % entsprechen und einem einsitzigen, mit offenen Reifen fahrenden Rennwagen wie FIA Formel 1, 2, 3, 5000 oder USAC-Autos nachgebaut sein.

2. Die Karosserie muß folgende Bestandteile des Modells umhüllen: Tank, Fernsteuerung, und die chassisseitige Aufhängung der Vorderachse. Die Karosserie kann unmittelbar hinter dem Fahrersitz aufhören. Auschnitte für notwendige mechanische und elektrische Teile dürfen nur 13 mm größer als diese sein. Grundsätzlich sind andere Öffnungen in der Karosserie, als sie beim Vorbild bestehen, auf ein Minimum zu beschränken. Alle Räder stehen frei.

3. Der Hubraum des Motors darf max. 3,5 ccm betragen.

4. Der Tankinhalt darf max. 125 ccm betragen. Dieses bezieht sich auf das Volumen des Tanks mit Anschlußschläuchen und Tankstutzen.

5. Zusätzlich zum Flügel sind keine Heckspoiler erlaubt (außer sie sind maßstäblich).

6. Abmessungen der Modellfahrzeuge:

　　a. Radstand　　　　　　　　　　　　271 bis 331 mm
　　b. Breite (über alles)　　　　　　　　267 mm max.
　　c. Höhe　　　　　　　　　　　　　　140 mm max.
　　d. Länge　　　　　　　　　　　　　　648 mm max.
　　e. Reifenbreite　　　　　　　　　　　64 mm max.
　　　　　　　　　　　　　　　　　　　　25 mm min.
　　　　Reifendurchmesser vorne　　　　65 mm min.
　　　　　　　　　　　　　　hinten　　　70 mm min.
　　　　Felgendurchmesser　　　　　　　54 mm max.
　　f. Karosseriebreite　　　　　　　　　217 mm max.
　　g. Frontspoilerbreite　　　　　　　　217 mm max.

B) Klasse Formel
1:8 3,5 ccm

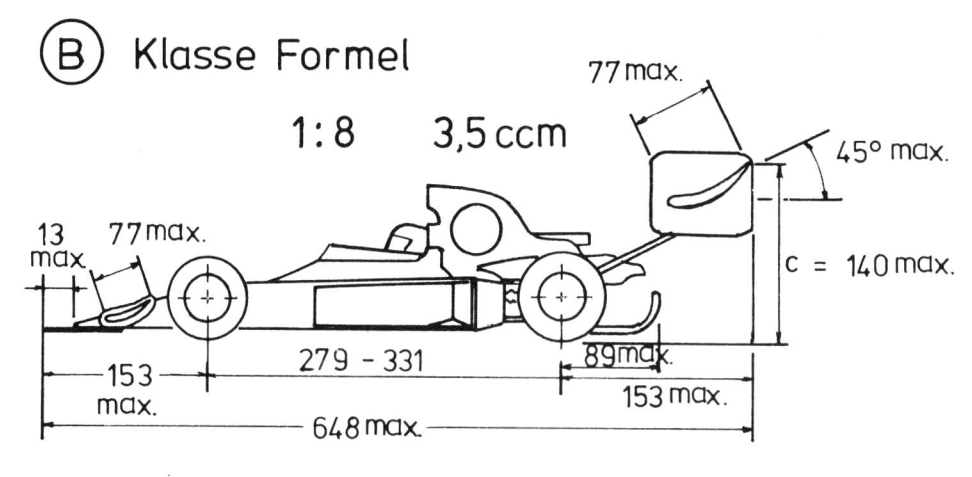

(Technische Zeichnung mit Maßen: 77 max., 45° max., c = 140 max., 13 max., 77 max., 153 max., 279 - 331, 89 max., 153 max., 648 max.)

h. Maße für den Flügel
   Breite   217 mm max.
   Tiefe   77 mm max.
   Anstellwinkel   45 ° max.
i. Maße für Leitbleche
   Länge   102 mm max.
   Höhe   77 mm max.
   Die Leitbleche dürfen 13 mm über der Flügeloberkante beginnen.
k. Rammschutzbreite:
   vorne u. hinten   267 mm max.
   Der vordere Rammschutz muß der Karosserieform folgen.

C.) Klasse Tourenwagen

1. Das Modellfahrzeug muß dem Maßstab 1:8 innerhalb einer Toleranz von 10 % entsprechen.

2. Tourenwagenkarosserien sind Modelle von Rennwagen der FIA Gruppe 1-5, z.B.: Camaro, Capri, Corvette, Datsun 260, Lancia Stratos, Mustang, Porsche Carrera, VW usw.

3. Alle Scheiben müssen durchsichtig oder farblich vom übrigen Auto abgesetzt werden. Die Frontscheibe darf nicht ausgeschnitten werden, jedoch Seiten- und Heckscheiben. Als Heckscheibe gilt auch ein Sonnenschutzgitter wie beim Lancia Stratos.

4. Kühlergrill und Lufteinlässe dürfen maßstabsgerecht ausgeschnitten werden. Auch das Heck der Karosserie darf ausgeschnitten werden. Es müssen aber zwei Rücklichter erhalten bleiben.

5. Zwei Lufteinlässe mit je 6,5 cm^2 Einlaß dürfen zur Kühlung des Motors irgendwo in der Karosserie angebracht werden, jedoch nicht in der Windschutzscheibe.

6. Eine Bohrung mit einem Durchmesser von 26 mm zum Betanken und eine Bohrung von 19 mm Durchmesser für den Kerzenstecker sind erlaubt.

7. Die Karosserie muß alle Teile des Fahrzeuges bedecken.

8. Der Hubraum des Motors darf max. 3,5 ccm betragen.
9. Der Tankinhalt darf max. 125 ccm betragen. Dies bezieht sich auf das Volumen des Tanks mit Anschlußschläuchen und Tankstutzen.
10. Jedes Fahrzeug darf einen Flügel besitzen, gemäß den folgenden zwei Möglichkeiten:
    1. Wird ein Flügel benutzt, dessen hinterster Punkt max. 204 mm hinter der Hinterachse liegt, so darf dieser 216 mm breit und 77 mm tief sein.
    2. Wird ein Flügel benutzt, dessen hinterster Punkt max. 153 mm hinter der Hinterachse liegt, so darf dieser 267 mm breit und 77 mm tief sein.
11. Ein Spoiler mit einer max. Tiefe von 39 mm darf an der Karosserie nur angebracht sein, wenn kein Flügel montiert ist. Die Abmessungen gelten auch für in die Karosserie eingearbeitete Spoiler. Leitbleche sind nicht erlaubt.
12. Fahrerfiguren sind nicht erforderlich.

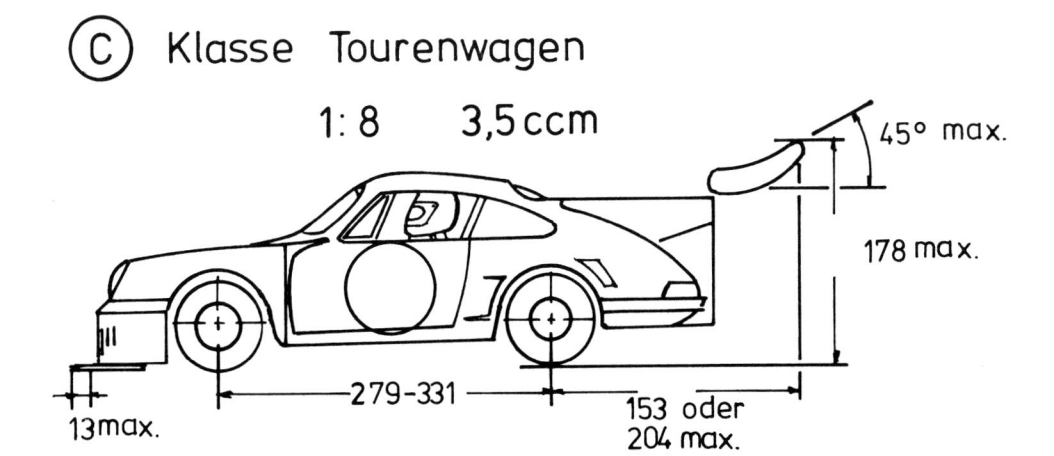

C Klasse Tourenwagen

1:8   3,5 ccm

45° max.
178 max.
13 max.
279-331
153 oder 204 max.

13. Abmessungen der Modellfahrzeuge:

    a. Radstand   279 bis 331 mm
    b. Breite (über alles)   267 mm max.
    c. Reifenbreite   64 mm max./
                                        25 mm min.
       Reifendurchmesser vorne   65 mm min.
                         hinten   70 mm min.
       Felgendurchmesser   54 mm max.
    d. Maße für Flügel
       Höhe   178 mm max.
       andere Maße siehe 10
    e. Rammschutzbreite: Der Rammschutz darf 7 mm seitlich aus der Karosserie hervorstehen, oder 267 mm breit sein, wenn dieses Maß kleiner ist.

D.) Klasse 1:12

1. Das Modellfahrzeug muß dem Maßstab 1:12 innerhalb einer Toleranz von 10% entsprechen.
2. Die Karosserie muß alle Bestandteile des Modells umfassen. Bei Formelmodellen stehen die Räder frei. Die Karosserie kann unmittelbar hinter dem Fahrersitz aufhören.
3. Folgende Teile dürfen aus der Karosserie herausragen: Düsennadel, Zylinderkopf mit Kühlaufsatz, Luftfilter, Kerze, Antenne und Tankstutzen. Der Ausschnitt in der Karosserie über dem Motor darf höchstens 64 x 64 mm betragen. Ausschnitte für notwendige mechanische und elektrische Teile dürfen nur 10 mm größer als die Teile sein. Grundsätzlich sind andere Öffnungen in der Karosserie, als sie beim Vorbild bestehen, auf ein Minimum zu beschränken.
4. Rammer aus Kunststoff dürfen nicht dünner sein als 2,5 mm.
5. Die Mindestgröße der Startnummern beträgt 25 mm.
6. Der Hubraum des Motors darf max. 0,82 ccm betragen.
7. Der Tankinhalt darf max. 43 ccm betragen. Dies bezieht sich auf das Volumen des Tanks mit Anschlußschläuchen und Tankstutzen.

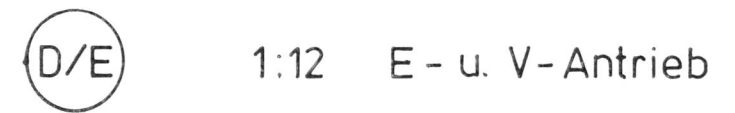

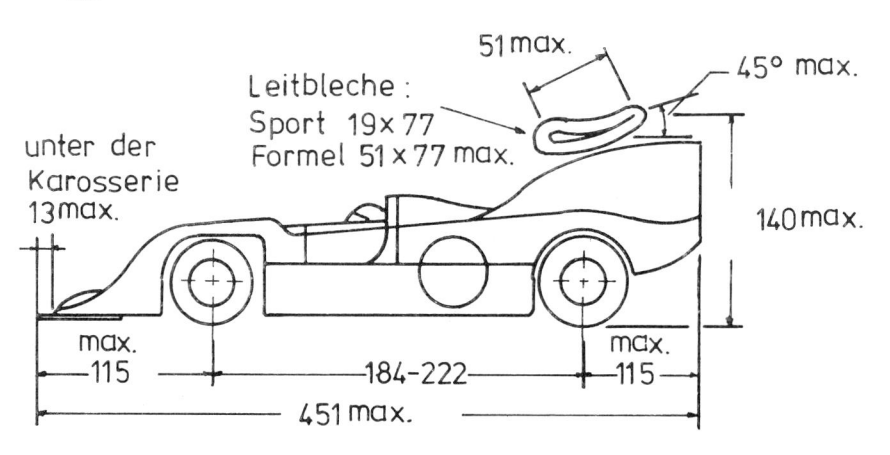

(D/E) 1:12 E- u. V-Antrieb

Leitbleche:
Sport 19 x 77
Formel 51 x 77 max.
51 max.
45° max.
unter der Karosserie 13 max.
140 max.
max. 115
184-222
max. 115
451 max.

8. Abmessungen der Modellfahrzeuge:

   a. Radstand   184 bis 222 mm
   b. Breite (über alles)   172 mm max.
   c. Höhe   140 mm max.
   d. Länge   451 mm max.
   e. Reifenbreite   38 mm max./
                                     13 mm min.
      Reifendurchmesser vorne   44 mm min.
                        hinten   51 mm min.
      Felgendurchmesser   36 mm max.

f.	Maße für den Flügel	
	Breite	172 mm max.
	Tiefe	51 mm max.
	Anstellwinkel	45 ° max.
g.	Maße für den Spoiler	
	Höhe	26 mm max.
	Länge	26 mm max.
h.	Rammschutzbreite: Der Rammschutz darf 7 mm seitlich aus der Karosserie hervorstehen, oder 172 mm, wenn dieses Maß kleiner ist.	

E.) Klasse 1:12 Elektro

1. Für die Abmessungen und Karosserie gelten die Bestimmungen von D, 1,2,3,4,5 und 8.
2. Elektro-Fahrzeuge benötigen keine Kupplung und Bremse.
3. Die Wahl des Elektromotors ist freigestellt.
4. Die Läufe müssen lang genug (ca. 8 Minuten) sein, um kostspielige Änderungen an den Motoren zu verhindern. Während eines Laufes dürfen die Akkus nicht gewechselt, jedoch geladen werden.
5. NiCad-Akkus mit einer Nennspannung von 1,2 Volt pro Zelle werden als Standard-Spannungsquellen betrachtet. Wenn andere Arten von Akkus verwendet werden, darf ihre Nennspannung die jeweils angegebene nicht überschreiten.
6. Es dürfen nur wiederaufladbare Batterien verwendet werden.
7. Die Fahrzeuge dürfen mit max. 6 Zellen bzw. 7,2 Volt am Motor betrieben werden.

F.) Freie Klasse

1. Das Fahrzeug muß einem Rennauto ähnlich sehen.
2. Der Hubraum des Motors muß mindestens 3,6 ccm betragen.
3. Der Preis des Motors darf DM 200,- (unverbindlich empfohlener Preis des Herstellers bzw. Importeurs) nicht überschreiten.
4. Abmessungen der Modellfahrzeuge:

	a.	Länge	800 mm max.
	b.	Breite	300 mm max.
	c.	Höhe	250 mm max.

h obbythek RC-Car Shop

Dionysiusplatz 6; 4150 Krefeld
Telefon 02151/67676

alles für ihr **h** obby

allzeit **o** ptimale sortierung

fachmännische **b** edienung

telefonische **b** eratung

do it **y** our self artikel

motor **t** uning teile

stets **h** ilfsbereit

auf wunsch **e** ildienst

vernünftige **k** undenbetreuung

Öffnungszeiten:
Mo.–Fr. 9.00–18.30,
Sa. 9.00–18.00 bzw. 9.00–14.00. Wir freuen uns auf Ihren Besuch!